Adobe
InDesign CC
版式设计与制作

主　编　舒　松

副主编　张　乐　朱华西

何　静　支艳利

北京希望电子出版社

Beijing Hope Electronic Press

www.bhp.com.cn

内容简介

本书以应用案例的讲解为主，以理论知识的阐述为辅，对 InDesign CC 2019 软件进行了全面介绍。全书共 10 章，分别介绍了 InDesign 入门知识、图形的绘制与编辑、对象的编辑与操作、颜色与效果、文本与段落、位图的处理、表格的处理、应用样式与库、管理版面、印前与输出等内容。每章最后都安排了两个有针对性的拓展案例，以供练习使用。

本书结构合理，用语通俗，图文并茂，易教易学，适合作为版式设计与制作相关课程的教材，也可作为广大平面设计爱好者和各类技术人员的参考用书。

图书在版编目（ＣＩＰ）数据

Adobe InDesign CC 版式设计与制作 / 舒松主编. -- 北京：北京希望电子出版社, 2021.2

ISBN 978-7-83002-815-2

Ⅰ. ①A… Ⅱ. ①舒… Ⅲ. ①电子排版－应用软件－教材 Ⅳ. ①TS803.23

中国版本图书馆 CIP 数据核字(2021)第 026291 号

出版：北京希望电子出版社	封面：库倍科技
地址：北京市海淀区中关村大街 22 号	编辑：周卓琳
中科大厦 A 座 10 层	校对：付寒冰
邮编：100190	开本：787mm×1092mm　1/16
网址：www.bhp.com.cn	印张：16
电话：010-82620818（总机）转发行部	字数：379 千字
010-82626237（邮购）	印刷：北京昌联印刷有限公司
传真：010-62543892	版次：2021 年 6 月 1 版 2 次印刷
经销：各地新华书店	

定价：58.00 元

前言
PREFACE

"十三五"期间，数字创意产业作为国家战略性新兴产业蓬勃发展，设计、影视与传媒、数字出版、动漫游戏、在线教育等数字创意领域日新月异。"十四五"规划进一步提出"壮大数字创意、网络视听、数字出版、数字娱乐、线上演播等产业"。

计算机、互联网、移动网络技术的迭代更新为数字创意产业提供了硬件和软件基础，而Adobe、Corel、Autodesk等企业提供了先进的软件和服务支撑。数字创意产业的飞速发展迫切需要大量熟练掌握相关技术的从业者。2020年，中国第一届职业技能大赛将平面设计、网站设计与开发、3D数字游戏、CAD机械设计等技术列入竞赛项目，这一举措引领了高技能人才的培养方向。

职业院校是培养数字创意技能人才的主力军。为了培养数字创意产业发展所需的高素质技能人才，我们组织了一批具备较强教科研能力的院校教师和富有实战经验的设计师，共同策划编写了本书。本书注重数字技术与美学艺术的结合，以实际工作项目为脉络，旨在使读者能够掌握视觉设计、创意设计、数字媒体应用开发、内容编辑等方面的技能，成为具备创新思维和专业技能的复合型人才。

写/作/特/色

1. 项目实训，培养技能人才

对接职业标准和工作过程，以实际工作项目组织编写，注重专业技能与美学艺术的结合，重点培养学生的创新思维和专业技能。

2. 内容全面，注重学习规律

将数字创意软件的常用功能融入实际案例，便于知识点的理解与吸收；采用"案例精讲→边用边学→经验之谈→上手实操"编写模式，符合轻松易学的学习规律。

3. 编写专业，团队能力精湛

选择具备先进教育理念和专业影响力的院校教师、企业专家参与教材的编写工作，充分吸收行业发展中的新知识、新技术和新方法。

4. 融媒体教学，随时随地学习

教材知识、案例视频、教学课件、配套素材等教学资源相互结合，互为补充；二维码轻松扫描，随时随地观看视频，实现泛在学习。

课/时/安/排

全书共10章，建议总课时为72课时，具体安排如下：

章 节	内 容	理论教学	上机实训
第 1 章	InDesign 入门知识	2 课时	2 课时
第 2 章	图形的绘制与编辑	4 课时	4 课时
第 3 章	对象的编辑与操作	4 课时	4 课时
第 4 章	颜色与效果	2 课时	2 课时
第 5 章	文本与段落	6 课时	6 课时
第 6 章	位图的处理	6 课时	6 课时
第 7 章	表格的处理	4 课时	4 课时
第 8 章	应用样式与库	4 课时	4 课时
第 9 章	管理版面	2 课时	2 课时
第 10 章	印前与输出	2 课时	2 课时

本书结构合理，讲解细致，特色鲜明，侧重于综合职业能力与职业素质的培养，融"教、学、做"于一体，适合应用型本科院校、职业院校、培训机构作为教材使用。为方便教学，我们还为用书教师提供了与书中内容同步的教学资源包（包括课件、素材、视频等）。

本书由舒松担任主编，张乐、朱华西、何静和支艳利担任副主编。这些老师在长期的工作中积累了大量的经验，在写作的过程中始终坚持严谨细致的态度，力求精益求精。由于水平有限，书中疏漏之处在所难免，希望读者朋友批评指正。

编　者

目 录
CONTENTS

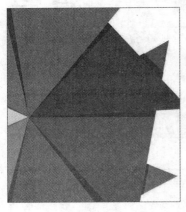

第2章 图形的绘制与编辑

第3章 对象的编辑与操作

第4章 颜色与效果

第5章 文本与段落

第8章 应用样式与库

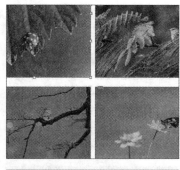

第9章 管理版面

经验之谈 报纸小常识 220

上手实操 221

第**10**章 印前与输出

案例精讲 制作叠色画册内页 223

边用边学 227

经验之谈 印后工艺 241

上手实操 242

附录 Adobe InDesign CC快捷键

第1章

InDesign 入门知识

内容概要

本章主要介绍InDesign所需了解的基础知识，包括InDesign的操作界面、文档的基本操作、视图与窗口的基本操作等。通过对这些内容的学习，为以后的编辑操作打下坚实的基础。

知识要点

- InDesign操作界面。
- 文档的基本操作。
- 视图与窗口的基本操作。

数字资源

【本章案例素材来源】："素材文件\第1章"目录下

【本章案例最终文件】："素材文件\第1章\案例精讲\制作明信片.indd"

案例精讲 制作明信片

案/例/描/述

本案例主要讲解如何制作明信片。明信片是一种不用信封就可以直接投寄的载有信息的卡片，设计与制作明信片时需要注意明信片的格式。制作明信片主要分为两部分，正面和背面。正面主要是置入图像，背面则是文字内容和规范格式的图文混排。

扫码观看视频

在实操过程中用到的知识点有新建文档、置入文件、保存文件、导出文件、智能参考线等。

案/例/详/解

下面将对案例的制作过程进行详细讲解。

图 1-1

步骤 01 执行"文件"→"新建"→"文档"命令，在弹出的"新建文档"对话框中参照图1-1设置参数，单击"边距与分栏"按钮。

步骤 02 在弹出的"新建边距和分栏"对话框中设置参数，如图1-2所示。

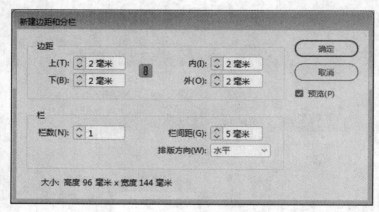

图 1-2

步骤 03 执行"文件"→"置入"命令，在弹出的"置入"对话框中，选择将要置入的文件"素材1.jpg"，单击"打开"按钮，在操作页面上出现一个小的缩览图，将其放置在左上角并向右下拖动，如图1-3和图1-4所示。

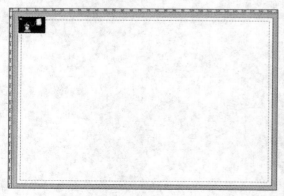

图 1-3

图 1-4

步骤 04 将其居中放置，对齐时对象中心会显示智能参考线，如图1-5所示。

步骤 05 启动Photoshop软件，打开"素材1.jpg"，如图1-6所示。

图 1-5

图 1-6

步骤 06 选择"魔棒工具" ，单击白色区域，按Ctrl+J组合键复制该选区，如图1-7所示。

步骤 07 设置前景色为黑色，选择"油漆桶工具" 并单击填充，如图1-8所示。

图 1-7

图 1-8

步骤 08 在"图层"面板中，解锁背景图层，并移至"图层1"上方，按Ctrl+Alt+G组合键创建剪贴蒙版，如图1-9所示。

步骤 09 按Ctrl+T组合键自由变换图像，按住Shift+Alt组合键调整至合适大小，如图1-10所示。

图 1-9

图 1-10

步骤10 按Ctrl+Shift+S组合键，在弹出的"另存为"对话框中设置存储参数，如图1-11所示。

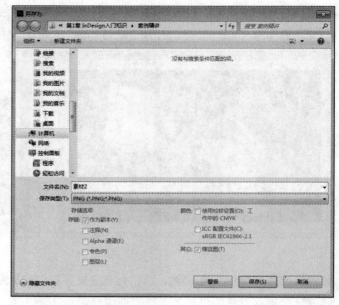

图 1-11

步骤11 回到InDesign中，执行"窗口"→"页面"命令，弹出"页面"面板，双击页面"2"，操作界面将显示为页面2，如图1-12所示。

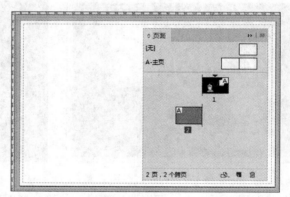

图 1-12

步骤12 使用相同的方法，置入素材图像"素材2.png"，调整至合适大小，如图1-13所示。

步骤13 执行"窗口"→"图层"命令，弹出"图层"面板，单击锁定"素材2.png"，如图1-14所示。

图 1-13

图 1-14

步骤 **14** 选择"矩形工具",在页面右上角绘制矩形,如图1-15所示。

步骤 **15** 按住Alt键水平向左移,在控制面板中单击"描边类型",在下拉列表框中选择"虚线(3和2)",如图1-16所示。

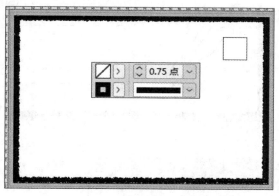

图 1-15

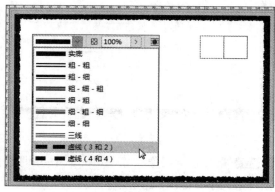

图 1-16

步骤 **16** 选择"矩形工具",在页面左上角绘制矩形,如图1-17所示。

步骤 **17** 选中矩形,按住Ctrl+Alt组合键水平向右移,按Ctrl+Alt+Shift+D组合键连续复制,如图1-18所示。

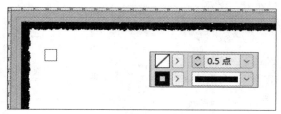

图 1-17

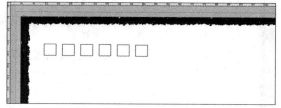

图 1-18

步骤 **18** 选择"直线工具",按住Shift键在页面上绘制直线,如图1-19所示。

步骤 **19** 选中直线,按住Alt键水平向下移,按Ctrl+Alt+Shift+D组合键连续复制,如图1-20所示。

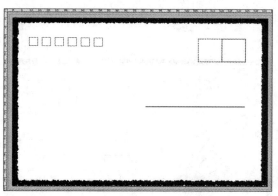

图 1-19

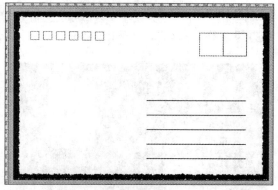

图 1-20

步骤 **20** 使用"选择工具"框选全部直线,按Ctrl+G组合键创建编组并移动至合适位置,如图1-21所示。

步骤 **21** 置入素材图像"素材3.png",并调整至合适大小,如图1-22所示。

图 1-21

图 1-22

步骤 22 置入素材图像"素材4.png",并调整至合适大小,如图1-23所示。

步骤 23 执行"文件"→"导出"命令,在弹出的"导出"对话框中设置参数,如图1-24所示。

图 1-23

图 1-24

步骤 24 按Ctrl+S组合键,在弹出的"存储为"对话框中单击"确定"按钮即可。

步骤 25 最终效果如图1-25和图1-26所示。

图 1-25

图 1-26

至此,完成明信片的制作。

边用边学

1.1　初识InDesign

　　Adobe InDesign是适用于印刷及数字出版的专业页面排版应用程序，可帮助用户进行图形与版式设计、印前检查及出版等一系列操作，制作适用于印刷、Web 和平板电脑应用程序的各种排版和设计内容。

　　InDesign（如图1-27所示）与Photoshop、Illustrator、Animate等Adobe系列软件采用类似的用户界面、命令、面板和工具，因此，可以很容易地将所掌握的其中一个程序的知识应用到另一个程序的学习中。

图 1-27

■ 1.1.1　认识操作界面

　　双击InDesign文件，显示InDesign工作界面，主要包括菜单栏、控制面板、标题栏、工具箱、浮动面板组、文档页面区域、状态栏，如图1-28所示。

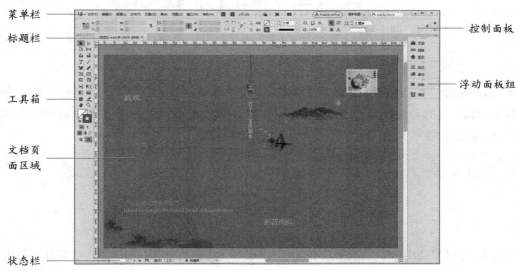

图 1-28

提示：界面的外观颜色可执行“编辑”→“首选项”命令，在弹出的“首选项”对话框中单击“界面”选项进行设置，可以在“颜色主题”中选取所需的界面颜色：深色、中等深色、中等浅色和浅色，如图1-29所示。

界面
外观
颜色主题(C):
将粘贴板与主题颜色匹配(M)

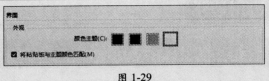

图 1-29

■ 1.1.2 菜单栏

菜单栏包括“文件”“编辑”“版面”“文字”“对象”“表”“视图”“窗口”和“帮助”9个菜单项，如图1-30所示。菜单栏提供了各种处理命令，可以进行文件管理、编辑图形等操作。

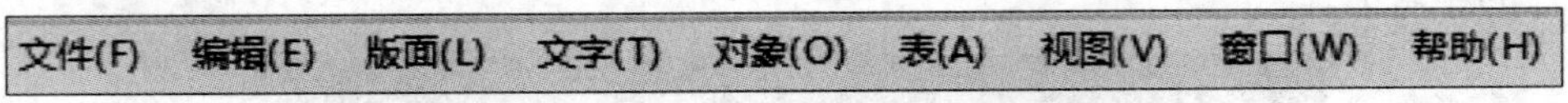

文件(F) 编辑(E) 版面(L) 文字(T) 对象(O) 表(A) 视图(V) 窗口(W) 帮助(H)

图 1-30

执行“编辑”→“菜单”命令，在弹出的“菜单自定义”对话框中可以设置菜单命令的可视性和对应颜色，以避免菜单出现杂乱现象，并可突出常用的命令，如图1-31和图1-32所示。

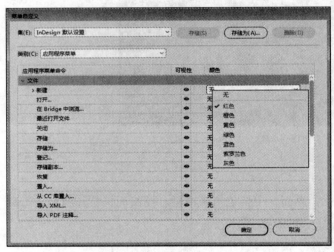

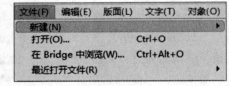

图 1-31

文件(F) 编辑(E) 版面(L) 文字(T) 对象(O)
新建(N)
打开(O)... Ctrl+O
在 Bridge 中浏览(W)... Ctrl+Alt+O
最近打开文件(R)

图 1-32

■ 1.1.3 控制面板

在InDesign中，控制面板起着非常重要的作用。当选择工具箱中的某个工具时，控制面板会立即显示其工具的各种属性，在不需要打开其相对应的面板时，可以在控制面板中设置其参数，充分提高工作效率，图1-33为“文字工具”的控制面板。

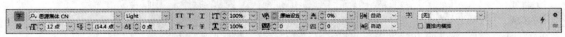

图 1-33

■ 1.1.4 工具箱

在InDesign CC 2019中，工具箱中包括了4组近30个工具，如图1-34所示。一部分工具用于选择、编辑和创建页面元素，另一些工具用于选择文字、形状、线条和渐变。默认情况下，工具箱显示为垂直的一列工具，也可以将其设置为垂直两列或水平单行。可以通过拖动工具箱的顶端来移动工具箱。

　　工具图标右下角的箭头表明此工具下有隐藏的工具。长按或右击工具箱内的当前工具，在弹出的列表中选择需要的工具，即可选定隐藏的工具，如图1-35所示。

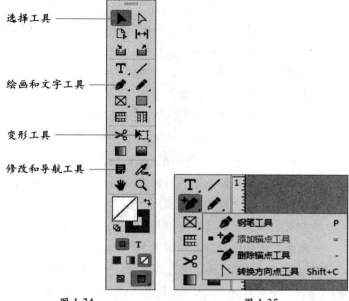

选择工具

绘画和文字工具

变形工具

修改和导航工具

钢笔工具　　　　P
添加锚点工具　　=
删除锚点工具　　-
转换方向点工具 Shift+C

图 1-34　　　　　　　　　　　　图 1-35

1.2　文档的基本操作

　　在学习如何运用InDesign处理图文之前，应先了解软件中一些基本的文件操作命令，如新建文档、打开文件、导入文件以及存储文件等。

■1.2.1　新建文档

　　启动InDesign软件，执行"文件"→"新建"命令，或按Ctrl+N组合键，打开"新建文档"对话框，如图1-36所示。

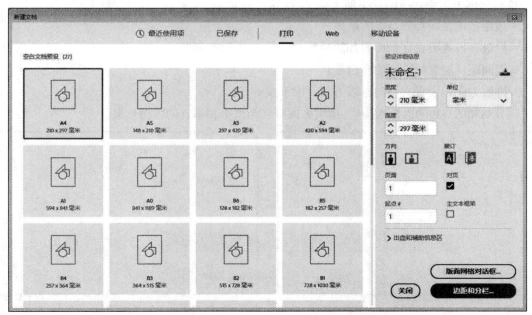

图 1-36

该对话框中主要选项的介绍如下。

- **空白文档预设**：是指具有预定义尺寸和设置的空白文档，可分为"打印""Web"以及"移动设备"3个选项。
- **宽度、高度**：设置文档的大小。
- **单位**：设置文档的度量单位。
- **方向**：设置文档的页面方向，纵向📄或横向📄。
- **装订**：设置文档的装订方向，从左到右📄或从右到左📄。
- **页面**：设置要在文档中创建的页数。
- **对页**：勾选此复选框，可在双页跨页中让左右页面彼此相对。
- **起点**：设置文档的起始页码。
- **主文本框架**：勾选此复选框，可在主页上添加主文本框架。
- **出血和辅助信息区**：设置文档每一侧的出血尺寸和辅助信息区。

若单击"边距和分栏"按钮，则弹出"新建边距和分栏"对话框，如图1-37所示。

❗ **提示**：若要对不同的边距使用不同的值，可单击链条 🔗 图标取消尺寸关联。

图 1-37

该对话框中主要选项的介绍如下。

- **边距**：设置版心到页边的距离。
- **栏数**：设置要在文档中添加的栏数。
- **栏间距**：设置栏之间的空白量。
- **排版方向**：设置文档的排版方向，水平或垂直。

图1-38和图1-39的栏数均为4，排版方向分别为水平和垂直的版面效果。

图 1-38

图 1-39

若在"新建文档"对话框中单击"版面网格对话框"按钮，将弹出"新建版面网格"对话框，设置参数，如图1-40所示，单击"确定"按钮，效果如图1-41所示。

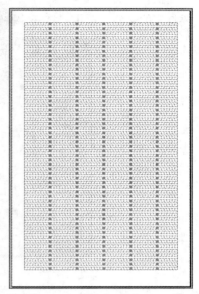

图 1-40　　　　　　　　　　　　　　　　　　图 1-41

■1.2.2　文档设置

要对当前编辑的文档重新进行页面设置，可以执行"文件"→"文档设置"命令，弹出"文档设置"对话框，如图1-42所示。该对话框中的参数默认与新建文档的参数设置相同。

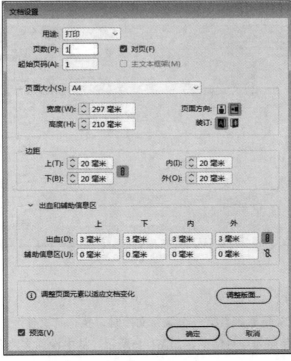

图 1-42

■ 1.2.3 打开文件

执行"文件"→"打开"命令或按Ctrl+O组合键,在弹出的"打开文件"对话框中,选择要打开的文件,单击"打开"按钮即可,如图1-43所示。

图 1-43

！提示:在"打开文件"对话框中,可通过在"文件名"中输入名称来查找文件,也可通过选择文件类型来筛选文件。

■ 1.2.4 置入文件

执行"文件"→"置入"命令,在弹出的"置入"对话框中,选择要置入的文件,单击"打开"按钮即可,如图1-44所示。

图 1-44

■ 1.2.5 保存文件

保存文件的操作非常简单,当第一次保存文件时,执行"文件"→"存储"命令,或按Ctrl+S组合键,打开"存储为"对话框,如图1-45所示,从中设置文件名称、文件类型,单击"保存"按钮即可。

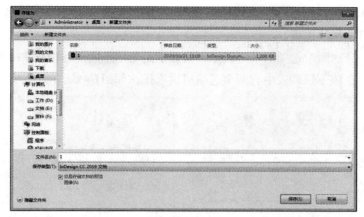

图 1-45

■ 1.2.6 导出文件

INDD格式文件是不便于直接预览和打印的，若要保存为便于浏览和传输的文件格式，则需执行"文件"→"导出"命令（以导出JPEG格式文件为例），如图1-46和图1-47所示。

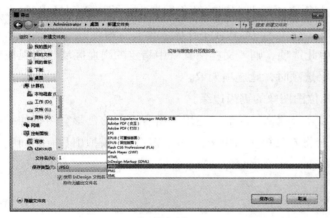

图 1-46

图 1-47

该对话框中主要选项的介绍如下。

● **选区**：导出当前选定的对象。

● **范围**：输入要导出页面的页码。使用连字符分隔连续的页码，使用逗号分隔多个页码或范围。

● **全部**：导出文档中的所有页面。

● **页面**：跨页中的每一页都将作为一个单独的JPEG文件导出。

● **跨页**：将跨页中的对页导出为单个JPEG文件。

● **品质**：在该下拉列表中有4个选项可供选择，以确定文件压缩（较小的文件大小）和图像品质之间的平衡，如图1-48所示。

最大值：在导出文件中包括所有可用的高分辨率图像数据。选择该选项，该文件可在高分辨率输出设备上打印。

低：在导出文件中包括屏幕分辨率版本（72 dpi）的置入位图图像。若文件只需在屏幕上显示，可选择该选项。

高、中：选择这两个选项的情形较多，其区别是使用不同压缩级别来减小文件大小。

●**格式方法**：在该下拉列表中有两个选项可供选择，如图1-49所示。

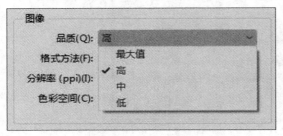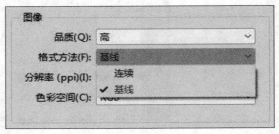

图 1-48　　　　　　　　　　　　　　　　图 1-49

连续：在JPEG图像被下载到Web浏览器的过程中，逐渐清晰地显示该图像。

基线：当JPEG图像完全下载后，才能显示该图像。

●**分辨率**：选择或键入导出的JPEG图像的分辨率。

●**色彩空间**：指定导出文件的色彩空间，包括导出为RGB、CMYK或灰色。

●**嵌入颜色配置文件**：若选中此选项，则文档的颜色配置文件将嵌入到导出的JPEG文件中。颜色配置文件的名称将以小文本的形式显示在该选项的右侧。

●**使用文档出血设置**：若选中此选项，则"文档设置"中指定的出血区域将出现在导出的JPEG文件中。选中"选区"选项时，此选项无效。

●**消除锯齿**：用于平滑文本和位图图像的锯齿边缘。

●**模拟叠印**：此选项类似于"叠印预览"功能，适用于所有选定的色彩空间。如果选中此选项，则导出的JPEG文件会将专色转换为用于打印的印刷色，模拟出具有不同中性密度值的叠印专色油墨效果。

■ 1.2.7　关闭文件

执行"文件"→"关闭"命令，或按Ctrl+W组合键，可将当前文件关闭。单击窗口右上角的"关闭"按钮也可关闭文件。若当前文件被修改过或是一个新建的文件，那么在关闭文件的时候会弹出一个警告对话框，如图1-50所示。

图 1-50

在该提示对话框中，单击"是"按钮，可先保存对文件的更改后再关闭文件；单击"否"按钮，则不保存文件的更改而直接关闭文件；单击"取消"按钮，将取消关闭操作，返回到操作界面。

1.3 视图选项

在操作界面的菜单栏中，单击"视图选项"  按钮，可在弹出的下拉列表框中选择要显示的内容，如图1-51所示。

■ 1.3.1 框架边线

与路径不同，在默认情况下，即使没有选定框架，仍能看到框架的非打印描边（轮廓）。框架边缘的显示设置不影响文本框架上的文本端口的显示。图1-52和图1-53为是否显示"框架边线"的对比效果图。

图 1-51

图 1-52

图 1-53

■ 1.3.2 标尺

执行"视图"→"显示标尺"命令，或按Ctrl+R组合键，工作区域左端和上端会显示带有刻度的尺子（x轴和y轴）。默认情况下，标尺的0点位置在画板的左上角。标尺0点可以根据需要而改变，使用鼠标单击左上角标尺相交的位置，向下拖动，会拖出两条十字交叉的虚线，松开鼠标，新的0点位置便设置成功，如图1-54和图1-55所示。双击左上角标尺相交的位置，可复位标尺0点的位置。

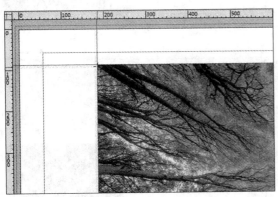

图 1-54

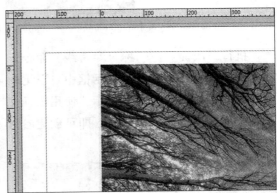

图 1-55

提示：在标尺刻度上右击鼠标，在弹出的菜单中可以设置显示标尺的单位，如图1-56所示。

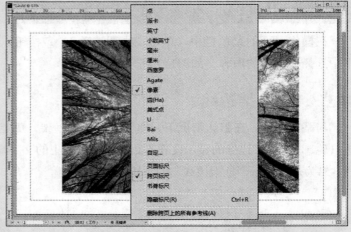

图 1-56

1.3.3 参考线

单击"视图选项" ![按钮] 按钮，在弹出的下拉列表框中单击取消"参考线"，则界面中所有的参考线都将隐藏，如图1-57和图1-58所示。再次单击该选项即可显示参考线。

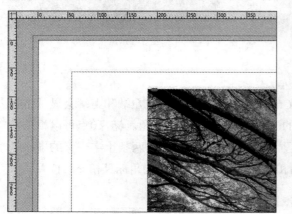

图 1-57

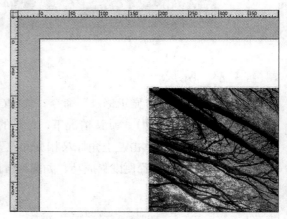

图 1-58

执行"版面"→"标尺参考线"命令，在弹出的"标尺参考线"对话框中可以更改参考线的颜色，如图1-59所示。使用鼠标在标尺刻度上向下或向右拖动，即可创建参考线，如图1-60所示。

图 1-59

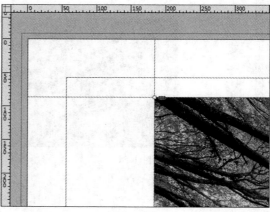

图 1-60

1. 创建跨页参考线

在跨页的情况下直接创建参考线，参考线只会显示在当前页；若要创建跨页参考线，只需在拖动参考线的同时按住Ctrl键即可，如图1-61和图1-62所示。

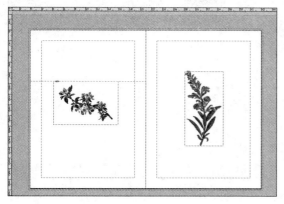
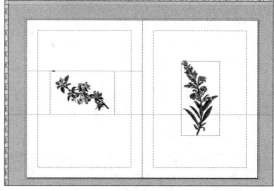

图 1-61 图 1-62

2. 同时创建垂直和水平参考线

若要同时创建垂直和水平参考线，只需按住Ctrl键，单击左上角标尺相交的位置向下拖动即可，如图1-63和图1-64所示。

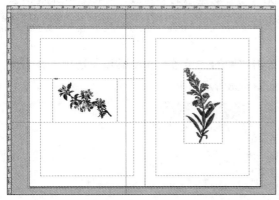

图 1-63 图 1-64

3. 创建等距参考线

执行"版面"→"创建参考线"命令，弹出"创建参考线"对话框，如图1-65所示。

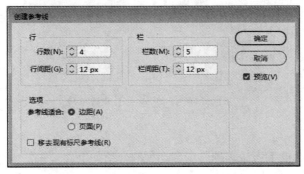

图 1-65

在该对话框中可以设置参考线的行数和栏数，以及行和栏的间距数值；还可以根据边距和页面设定数值，设置效果如图1-66和图1-67所示。

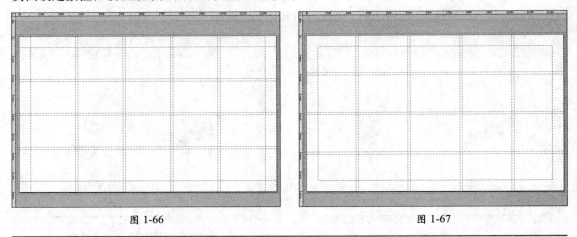

图 1-66   图 1-67

⚠ 提示：若要删除参考线，只需选择参考线，按Delete键删除即可。按Ctrl+;组合键可隐藏全部参考线。

■ 1.3.4　智能参考线

智能参考线是一种在绘制、移动和变换的情况下会自动显示的参考线，可以轻松地将对象与工作面板中的项目靠齐。默认情况下，智能参考线是开启的。按Ctrl+U组合键，可以打开或关闭该功能。

按Ctrl+K组合键，弹出"首选项"对话框，单击左侧的"参考线和粘贴板"选项，在右侧可对参考线的颜色、靠齐范围等参数进行设置，如图1-68所示。

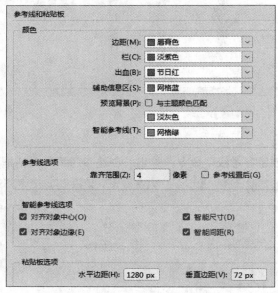

图 1-68

在该对话框中，"智能参考线选项"中各选项的介绍如下。

● **对齐对象中心**：勾选此复选框，在创建或移动调整对象时，对齐对象中心会显示智能参考线，如图1-69所示。

- **对齐对象边缘**：勾选此复选框，在创建或移动调整对象时，对齐对象边缘处会显示智能参考线，如图1-70所示。

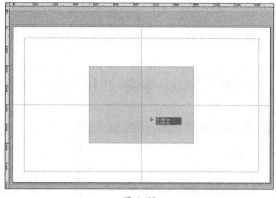

图 1-69

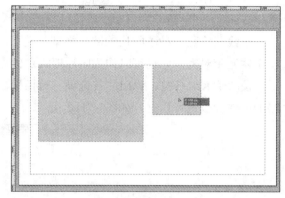

图 1-70

- **智能尺寸**：勾选此复选框，当要调整一个对象的大小与另一个对象相同时，会显示双箭头线段，如图1-71所示；旋转角度时，也会显示对象旋转的角度，如图1-72所示。

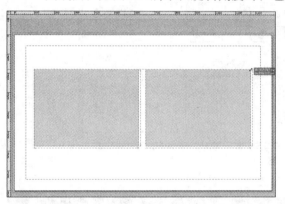

图 1-71

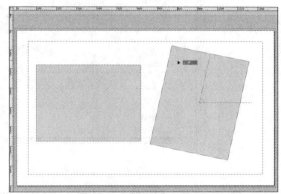

图 1-72

- **智能间距**：勾选此复选框，在调整对象时，当出现相同的间距大小时会显示智能参考线，如图1-73和图1-74所示。

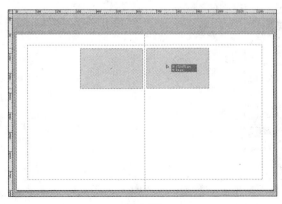

图 1-73

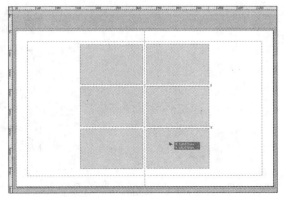

图 1-74

> **提示**：在旋转对象时，会出现角的度量值；在移动或调整对象大小时，会出现灰色框，框中显示X值和Y值，这些都是智能光标的反馈。在"首选项"对话框中可开启或关闭"显示变换值"选项。

■ 1.3.5 基线网格

基线网格是一种子结构的网格类型，它可以根据版面上字体的大小设置适合的行数，从而使字体元素对齐。它也可以作为图片框的定位点。

按Ctrl+K组合键，弹出"首选项"对话框，单击左侧的"网格"选项，在右侧可对基线网格的一些参数进行设置，如图1-75所示。

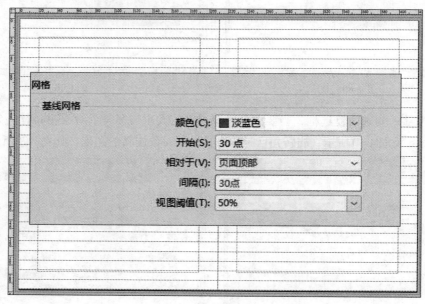

图 1-75

1.4 屏幕模式

在操作界面的菜单栏中，单击"屏幕模式" 按钮，可在弹出的下拉列表框中选择要显示的内容，如图1-76所示。

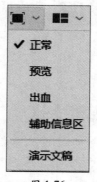

图 1-76

■ 1.4.1　正常模式

在窗口中显示所有可见的网格、参考线、出血线、非打印对象、空白粘贴板等内容，如图1-77所示。

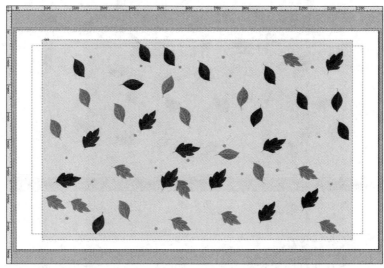

图 1-77

■ 1.4.2　预览模式

以最终的输出效果显示图稿，所有非打印元素（如网格、参考线、出血线等）都不显示，如图1-78所示。

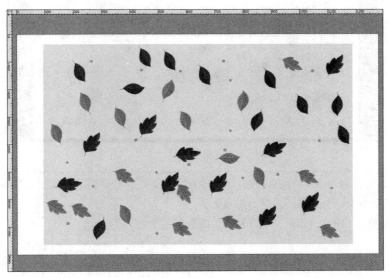

图 1-78

■ 1.4.3　出血模式

以最终的输出效果显示图稿，所有非打印元素都不显示，但出血线内所有的可打印元素都会显示，如图1-79所示。

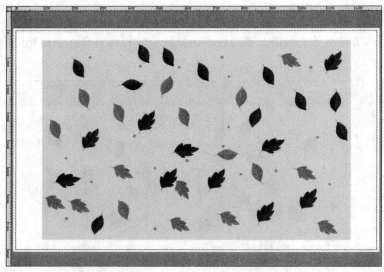

图 1-79

1.4.4 演示文稿模式

　　全屏显示图稿，所有非打印元素都不显示，如图1-80所示。此模式下，只可浏览，不可对图稿进行修改。按Esc键可退出此模式。

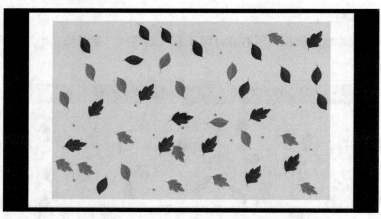

图 1-80

> ⚠ **提示**：单击状态栏的"单击可拆分版面视图" ▢▢ 按钮，此时，版面会被一分为二，左侧为图稿全景，右侧为局部放大图，如图1-81所示。可分别放大调整两侧图稿。

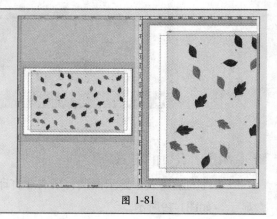

图 1-81

经验之谈 ISO 国际纸张标准尺寸

　　纸张标准尺寸的应用可以让设计师和印刷厂之间的沟通变得快捷而高效。ISO国际纸张标准尺寸系统是以2的平方根（1:1.4142）为宽高依据的，例如，A4的尺寸是A3尺寸的1/2。

　　图1-82、图1-83和图1-84分别为A0、B0、C0的尺寸示意图。

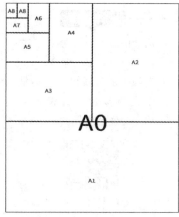 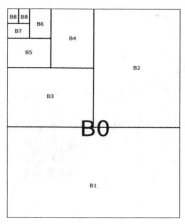 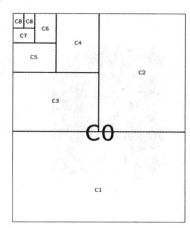

图 1-82　　　　　　　　　　　　图 1-83　　　　　　　　　　　　图 1-84

　　各个尺寸参数介绍如下。

A0：841×1189mm	B0：1000×1414mm	C0：917×1297mm
A1：594×841mm	B1：707×1000mm	C1：648×917mm
A2：420×594mm	B2：500×707mm	C2：458×648mm
A3：297×420mm	B3：353×500mm	C3：324×458mm
A4：210×297mm	B4：250×353mm	C4：229×324mm
A5：148×210mm	B5：176×250mm	C5：162×229mm
A6：105×148mm	B6：125×176mm	C6：114×162mm
A7：74×105mm	B7：88×125mm	C7：81×162/114mm
A8：52×74mm	B8：62×88mm	C8：57×81mm

　　各个尺寸的标准用途介绍如下。

- **A0、A1**：海报和技术图纸。
- **A1、A2**：会议活动挂图。
- **A2、A3**：图表、绘画、大型表格和电子表格。
- **A4**：杂志、信件、表格、宣传折页、激光打印和日常使用。
- **A5**：笔记本和日记本。
- **A6**：明信片。
- **B5、A5、B6、A6**：书籍。
- **C4、C5、C6**：装A4信纸的信封，不折叠（C4）、折叠一次（C5）、折叠两次（C6）。
- **B4、A3**：报纸，这类尺寸适用于多种复印机。
- **B8、A8**：扑克牌。

上手实操

实操一：将INDD格式文件存储为JPEG文件

将INDD格式文件存储为JPEG文件，如图1-85所示。

图 1-85

设计要领

- 启动InDesign，执行"文件"→"导出"命令。
- 在弹出的"导出"对话框中设置参数，如设置名称、图像品质等。

扫码观看视频

实操二：制作书签

制作书签，如图1-86所示。

图 1-86

设计要领

- 使用"矩形工具"绘制矩形并进行调整。
- 置入图像并绘制图形，调整不透明度。
- 使用"文字工具"输入文字。

第2章
图形的绘制与编辑

内容概要

本章主要介绍InDesign的图形绘制知识，包括使用基本图形工具绘制规则图形，使用钢笔工具组、铅笔工具组绘制不规则图形，使用"路径查找器"面板对路径、形状、转换点进行编辑操作。

知识要点

- 绘制基本图形工具。
- 绘制不规则图形工具。
- "路径查找器"面板。

数字资源

【本章案例素材来源】："素材文件\第2章"目录下

【本章案例最终文件】："素材文件\第2章\案例精讲\制作名片.indd"

案例精讲 制作名片

案／例／描／述

本案例主要讲解如何制作名片。在设计名片时，结构不能太散或太紧，要注意字体大小，保持正反面风格的统一。名片背景主要是使用基础绘图工具绘制logo，并摆放二维码和公司名称；名片内容方面则主要使用文字工具填写基础信息，并搭配简单的矩形进行装饰。

扫码观看视频

在实操过程中用到的知识点有新建文档、矩形工具、钢笔工具、文字工具、置入图像等。

案／例／详／解

下面将对案例的制作过程进行详细讲解。

图 2-1

步骤 01 执行"文件"→"新建"→"文档"命令，在弹出的"新建文档"对话框中设置参数，如图2-1所示，单击"边距和分栏"按钮。

步骤 02 在弹出的"新建边距和分栏"对话框中设置参数，如图2-2所示。

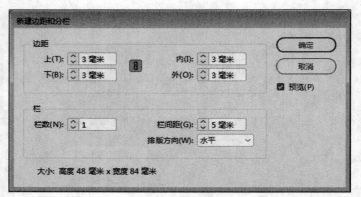

图 2-2

步骤 03 新建的空白文档如图2-3所示。

步骤 04 选择"矩形工具"并单击，在弹出的"矩形"对话框中设置参数，如图2-4所示。

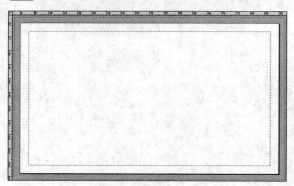

图 2-3

图 2-4

步骤 05 效果如图2-5所示。

步骤 06 在工具箱中双击"填色"按钮，在弹出的"拾色器"对话框中设置填充颜色，如图2-6所示。

图 2-5

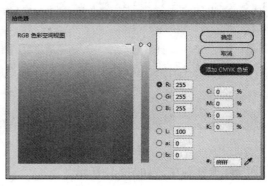

图 2-6

步骤 07 选择"钢笔工具"，绘制一个三角形，并将中心点移至底端，如图2-7所示。

步骤 08 选择"旋转工具" ↻ 并在图形上双击，在弹出的"旋转"对话框中设置参数，单击"复制"按钮，如图2-8所示。

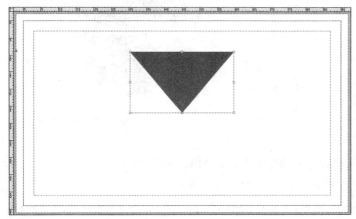

图 2-7

图 2-8

步骤 09 效果如图2-9所示。

步骤 10 使用相同方法，继续复制和旋转6次，如图2-10所示。

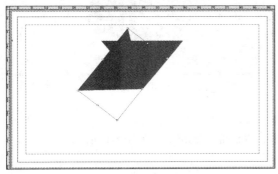

图 2-9

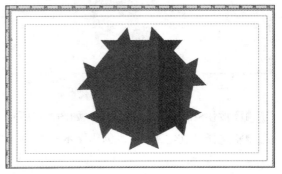

图 2-10

步骤 11 更改颜色，如图2-11和图2-12所示。

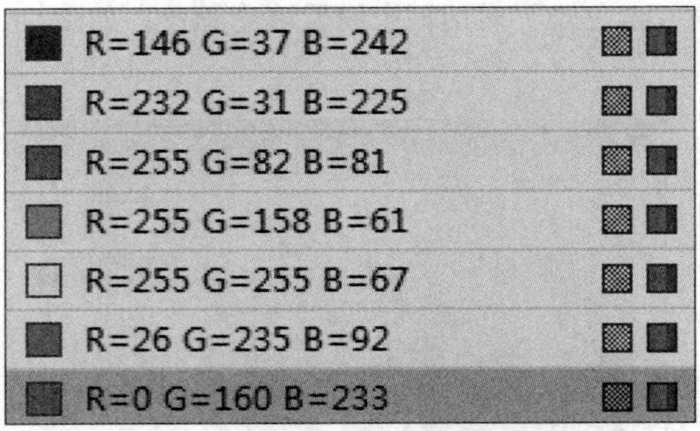

	R=146 G=37 B=242
	R=232 G=31 B=225
	R=255 G=82 B=81
	R=255 G=158 B=61
	R=255 G=255 B=67
	R=26 G=235 B=92
	R=0 G=160 B=233

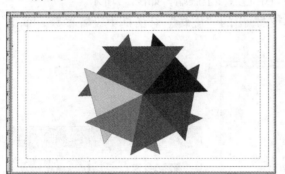

图 2-11

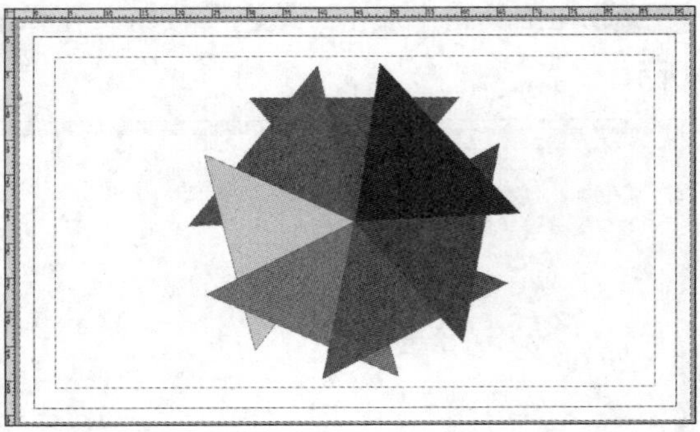

图 2-12

步骤 12 调整顺序，如图2-13所示。

步骤 13 使用"钢笔工具"在绿色的三角形上方绘制一个小的三角形，使其置于最上方，如图2-14所示。

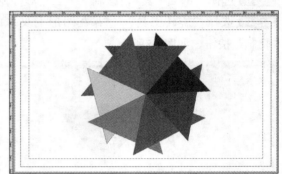

图 2-13

图 2-14

步骤 14 使用"钢笔工具"绘制每个三角形重叠部分的阴影，如图2-15所示。

步骤 15 选中全部三角形，按Ctrl+G组合键创建编组，如图2-16所示。

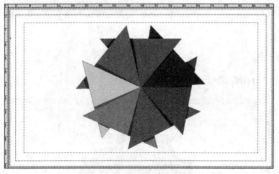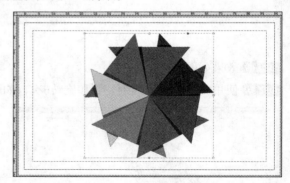

图 2-15

图 2-16

步骤 16 按住Shift键等比例缩小，如图2-17所示。

步骤 17 选择"文字工具"，创建文本框并输入文字，形成完整的logo，如图2-18所示。

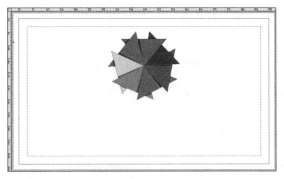

图 2-17

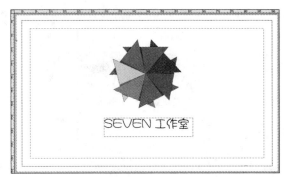

图 2-18

步骤18 选中logo，按住Alt键向右拖动复制，如图2-19所示。

步骤19 选中页面中的图形部分，按住Shift键等比例放大，并移动至合适位置，如图2-20所示。

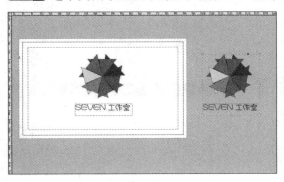

图 2-19

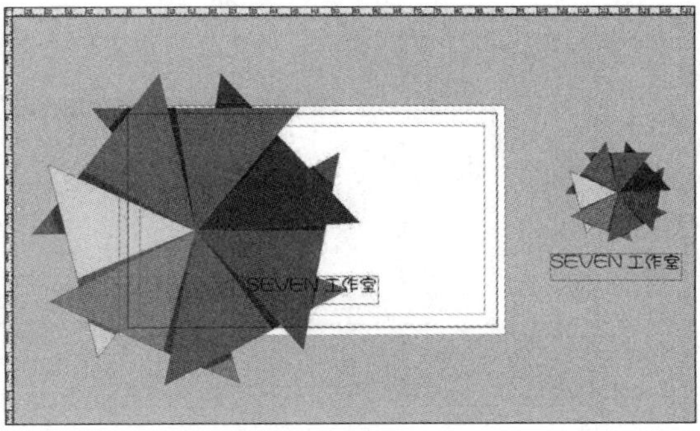

图 2-20

步骤20 移动文字至合适位置，如图2-21所示。

步骤21 执行"文件"→"置入"命令，置入素材文件"二维码.jpg"，如图2-22所示。

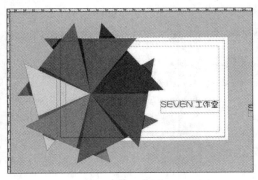

图 2-21

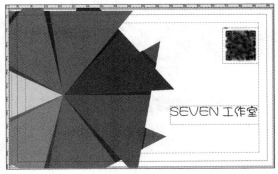

图 2-22

步骤22 执行"窗口"→"页面"命令，在弹出的"页面"面板中双击页面"2"，如图2-23所示。

步骤23 选择"矩形工具"并在页面上单击，在弹出的"矩形"对话框中设置参数，如图2-24所示。

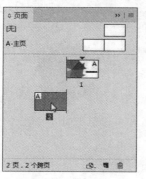

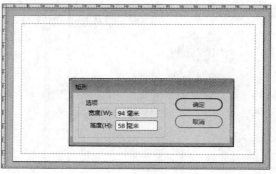

图 2-23　　　　　　　　　　　　　　　图 2-24

步骤 **24** 选择"矩形工具"，绘制矩形并填充颜色，如图2-25所示。

步骤 **25** 单击黄色的控制点，编辑转角。按住Shift键分别调整左侧的两个转角，如图2-26所示。

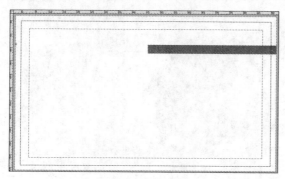

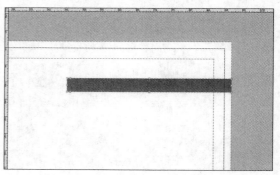

图 2-25　　　　　　　　　　　　　　　图 2-26

步骤 **26** 选择"文字工具"，绘制文本框并输入文字，如图2-27所示。

步骤 **27** 选择"文字工具"，选中文字部分，右击鼠标，在弹出的快捷菜单中选择"创建轮廓"选项，如图2-28所示。

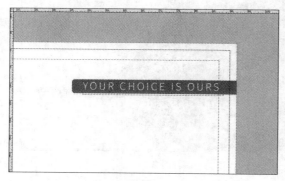

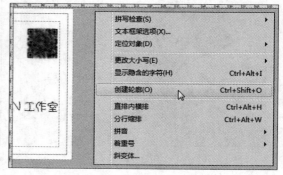

图 2-27　　　　　　　　　　　　　　　图 2-28

步骤 **28** 选中文字和图形，按Ctrl+G组合键创建编组，如图2-29所示。

步骤 **29** 选中该组，按Ctrl+X组合键剪切对象，在"页面"面板中双击页面"2"，按Ctrl+V组合键粘贴该组，如图2-30所示。

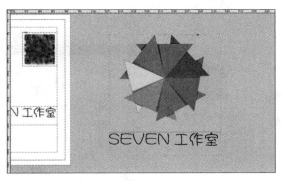

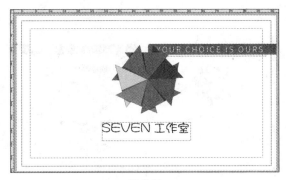

| 图 2-29 | 图 2-30 |

步骤 30 选中该组，按Ctrl+Shift组合键等比例缩放，并移动至合适位置，如图2-31所示。

步骤 31 选择"文字工具"，绘制文本框并输入两组文字，如图2-32所示。

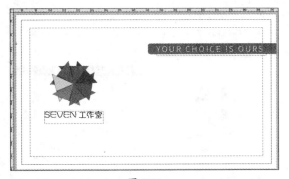

图 2-31　　　　　　　　　　　　　　　　图 2-32

步骤 32 打开Illustrator软件，执行"窗口"→"符号"命令，弹出"符号"面板，单击"符号库菜单" 按钮，在弹出的菜单中选择"网页图标"选项，弹出"网页图标"面板，单击选中"电话""电子邮件"和"主页"图标，并使其居中对齐分布，如图2-33所示。

步骤 33 将3个图标拖到InDesign软件中，按Ctrl+Shift组合键等比例缩放，并移动至合适位置，如图2-34所示。

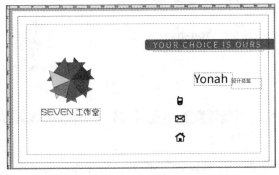

图 2-33　　　　　　　　图 2-34

步骤 34 选择"文字工具"，绘制文本框并输入文字，按住Alt键垂直复制两组，如图2-35所示。

步骤 35 选中该组，按Ctrl+Shift组合键等比例缩放，并移动至合适位置，如图2-36所示。

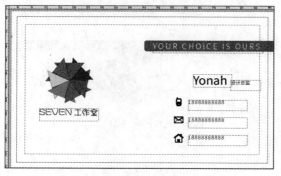

图 2-35

图 2-36

步骤36 选择"文字工具"，依次为3组文字创建轮廓。选中文字和图标，按Ctrl+G组合键创建编组，按Ctrl+Shift组合键等比例缩放并移动至合适位置，如图2-37所示。

步骤37 选择"矩形工具"，绘制矩形并填充颜色，如图2-38所示。

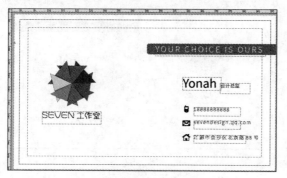

图 2-37

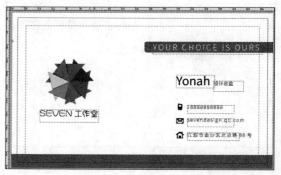

图 2-38

步骤38 选择"矩形工具"，绘制矩形并填充颜色，如图2-39所示。

步骤39 按住Alt键水平复制两组彩色矩形，如图2-40所示。

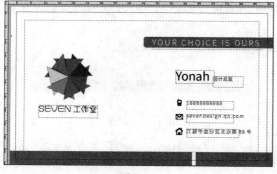

图 2-39

图 2-40

步骤40 单击菜单栏中的"屏幕模式"■·按钮，在弹出的菜单中选择"预览"，最终效果如图2-41和图2-42所示。

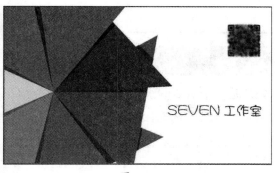

图 2-41

图 2-42

至此，完成个人名片的制作。

你学会了吗？

边用边学

2.1 绘制基本图形

在使用InDesign编排出版物的过程中，图形处理是一个重要的组成部分。本节将介绍在InDesign中利用不同的绘图工具绘制直线、矩形、圆形和多边形等基本形状和图形。

■ 2.1.1 直线工具

选择"直线工具"，在控制面板中设置参数，然后拖动鼠标即可绘制一条直线。按住Shift键的同时拖动鼠标，可以绘制水平、垂直以及45°角的直线，如图2-43所示；按住Alt键的同时拖动鼠标，可以绘制以起始点为中心的直线。

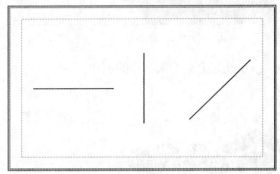

图 2-43

■ 2.1.2 矩形工具

选择"矩形工具"，在控制面板中设置参数，拖动鼠标可绘制一个矩形。若要创建精确尺寸的矩形，可在页面上单击，在弹出的"矩形"对话框中设置参数，单击"确定"按钮即可，如图2-44和图2-45所示。

图 2-44

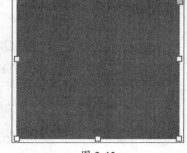

图 2-45

单击黄色的控制点可编辑转角，按住Shift键可以分别调整4个转角，如图2-46、图2-47和图2-48所示。

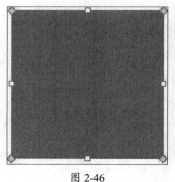

图 2-46

图 2-47

图 2-48

绘制矩形后，可执行"对象"→"角选项"命令，在弹出的"角选项"对话框中对转角的大小和形状进行设置，如图2-49所示。

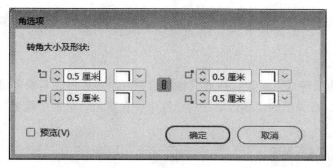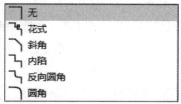

图 2-49

图2-50为相同大小但不同转角形状的矩形。

图 2-50

> ❗ **提示**：按住Shift键的同时拖动鼠标，可绘制正方形；按住Alt键的同时拖动鼠标，可以绘制以当前鼠标光标位置为中心点向外扩展的矩形；按住Shift+Alt键的同时拖动鼠标，可绘制以当前鼠标光标位置为中心点向外扩展的正方形。

■ 2.1.3 椭圆工具

选择"椭圆工具"，在控制面板中设置参数，拖动鼠标可绘制一个椭圆。若要创建精确尺寸的椭圆，可在页面上单击，在弹出的"椭圆"对话框中设置参数，单击"确定"按钮即可，如图2-51和图2-52所示。

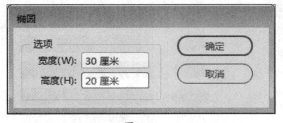

图 2-51

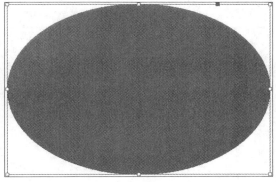

图 2-52

Adobe InDesign CC版式设计与制作

> ⓘ **提示**：按住Shift键的同时拖动鼠标，可绘制正圆形；按住Alt键的同时拖动鼠标，可以绘制以当前鼠标光标位置为中心点向外扩展的椭圆；按住Shift＋Alt键的同时拖动鼠标，可绘制以当前鼠标光标位置为中心点向外扩展的正圆形。

■ 2.1.4 多边形工具

选择"多边形工具"，在控制面板中设置参数，拖动鼠标可绘制一个多边形。若要创建精确尺寸的多边形，可在页面上单击，在弹出的"多边形"对话框中设置参数，单击"确定"按钮即可，如图2-53和图2-54所示。

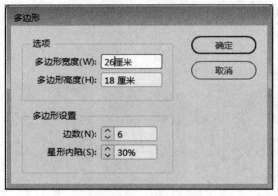

图 2-53

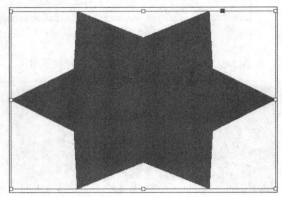

图 2-54

> ⓘ **提示**：在页面上拖动鼠标到合适的高度和宽度，按住鼠标左键不放，按↑键竖向增加多边形的数量，按↓键竖向减少多边形的数量，如图2-55所示；移动鼠标可整体缩放，如图2-56所示；按→键横向或按←键横向增加或减少多边形的数量；释放鼠标即可得到设置好的图形，如图2-57所示。

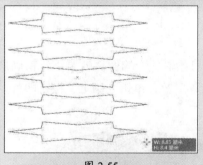

图 2-55

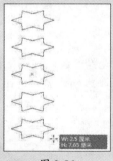

图 2-56

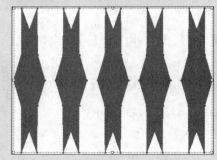

图 2-57

"矩形工具"和"椭圆工具"都可以进行此项操作，如图2-58所示。

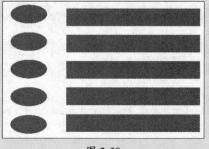

图 2-58

2.2 认识路径

路径是构成图形的基础，任何复杂的图形都是由路径绘制而成，而在改变路径形状或编辑路径之前，必须选择路径的锚点或线段。

■ 2.2.1 路径的组成

路径由一个或多个直线或曲线线段组成。每个线段的起点和终点由锚点标记。路径可以是开放的且具有不同的端点，也可以是闭合的。通过拖动路径的锚点、控制点或路径段本身，可以改变路径的形状，如图2-59所示。

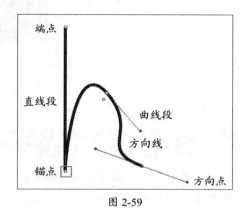

图 2-59

■ 2.2.2 路径和形状

在InDesign中，可以创建多个路径并通过多种方法组合这些路径。

1. 简单路径

简单路径由一条开放或闭合路径组成，如图2-60所示。简单路径是复合路径和形状的基本构造块。

2. 复合路径

复合路径由两个或多个相互交叉或相互截断的简单路径组成，如图2-61所示。组合到复合路径中的各个路径作为一个对象发挥作用并具有相同的属性，如颜色或描边样式。

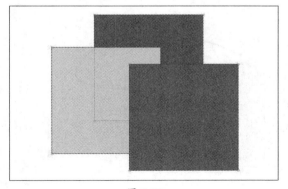

图 2-60

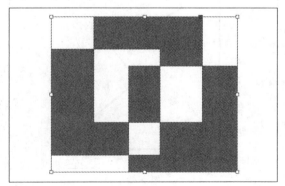

图 2-61

3. 复合形状

复合形状可由两个或多个路径、复合路径、组、混合体、文本轮廓、文本框架彼此相交或截断而形成的其他形状组成，如图2-62所示。

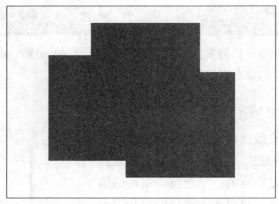

图 2-62

2.3　钢笔工具组

钢笔工具可以创建更为精确的直线和对称流畅的曲线。长按或右击"钢笔工具"，可展开其工具组，如图2-63所示。

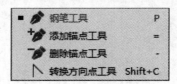

图 2-63

■ 2.3.1　钢笔工具

选择"钢笔工具" ，在页面上单击，即可绘制直线和曲线线段，按住Shift键可以绘制水平、垂直或以45°角倍增的直线路径，如图2-64所示。绘制曲线线段时，在曲线改变方向的位置添加一个锚点，通过拖动构成曲线形状的方向线，可创建复杂曲线。方向线的长度和斜度决定了曲线的形状，如图2-65所示。

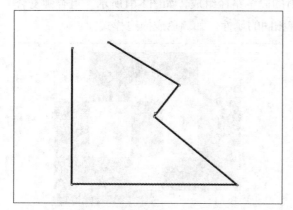

图 2-64

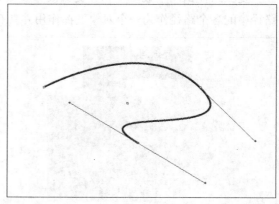

图 2-65

■ 2.3.2　添加与删除锚点工具

选择"添加锚点工具" 或"钢笔工具" ，单击任意路径段，即可添加锚点，如图2-66和图2-67所示。

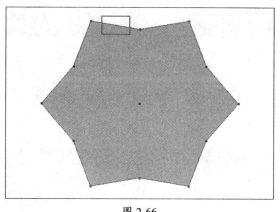

图 2-66

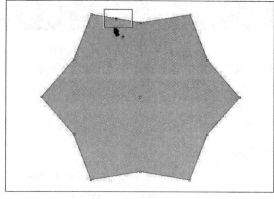

图 2-67

选择"删除锚点工具" 或"钢笔工具" ，单击任意锚点，即可删除该锚点，如图2-68
和图2-69所示。

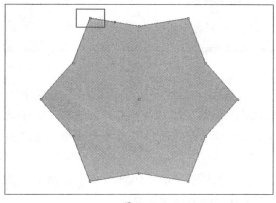

图 2-68

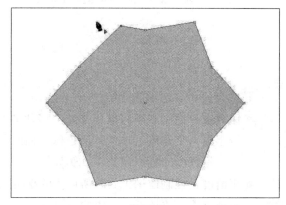

图 2-69

2.3.3 转换方向点工具

使用"转换方向点工具" 可以改变路径中锚点的性质：在路径的角点上单击，可以将角
点变为平滑点；在平滑点上按住鼠标左键同时拖动，可以将平滑锚点转化为角锚点，如图2-70
所示；单击方向点，可以将平滑点的一端变为角点，如图2-71所示。

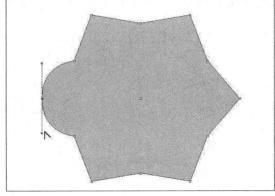

图 2-70

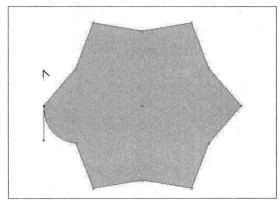

图 2-71

2.4 铅笔工具组

铅笔工具组主要用于绘制、擦除、平滑路径等。长按或右击"铅笔工具",展开其工具组,如图2-72所示。

图 2-72

■2.4.1 铅笔工具

"铅笔工具"可用于绘制开放路径和闭合路径,就像用铅笔在纸上绘图一样,可以编辑任何路径,并在任何形状中添加任意线条和形状。在工具箱中双击"铅笔工具" ✎ ,弹出"铅笔工具首选项"对话框,如图2-73所示。

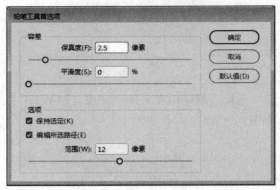

图 2-73

该对话框中各选项的介绍如下。

● **保真度**:控制必须将鼠标或光笔移动多大距离才会向路径添加新锚点。值越高,路径就越平滑,复杂度就越低;值越低,曲线与指针的移动就越匹配,从而将生成更尖锐的角度。保真度的范围为0.5~20像素。

● **平滑度**:控制使用工具时所应用的平滑量。平滑度的值介于0%~100%之间。值越大,路径越平滑;值越低,创建的锚点就越多,保留的线条的不规则度就越高。

● **保持所选**:确定在绘制路径之后是否保持路径所选的状态。此选项默认选中。

● **编辑所选路径**:确定与选定路径相距一定距离时,是否可以更改或合并选定路径(通过"范围"选项指定)。

● **范围**:决定鼠标或光笔与现有路径必须达到多近距离才能使用"铅笔工具"编辑路径。此选项仅在勾选"编辑所选路径"复选框后可用。

选择"铅笔工具" ✎ ,按住鼠标左键便可自由绘制路径图形,再次绘制可更改路径,如图2-74和图2-75所示。

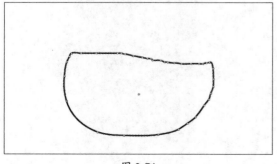

图 2-74

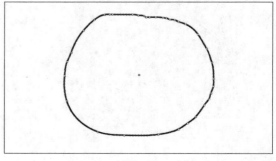

图 2-75

■2.4.2 平滑工具

选择"平滑工具" ，在绘制好的路径上反复涂抹，可以删除路径上多余的拐角，使其
变得平滑，如图2-76和图2-77所示。

图 2-76   图 2-77

■2.4.3 抹除工具

使用"抹除工具"可以从对象中擦除路径的锚点，从而删除路径中任意部分。选择"抹除
工具" 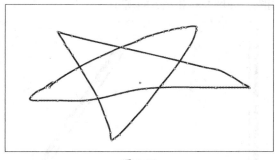，在绘制好的路径上涂抹，即可删除路径上的点，如图2-78和图2-79所示。

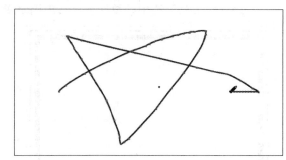

图 2-78   图 2-79

2.5 编辑路径

执行"窗口"→"对象和版面"→"路径查找器"命令，弹
出"路径查找器"面板，如图2-80所示。在该面板中可以对
路径进行编辑操作。

图 2-80

■2.5.1 路径

在"路径查找器"面板中的"路径"选项组中，提供了4个与路径相关的编辑按钮。

● **连接路径** ：选中两个开放路径，单击此按钮可以连接两个端点，使其变为相同面或相同的填充属性，如图2-81和图2-82所示。

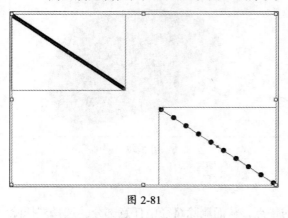
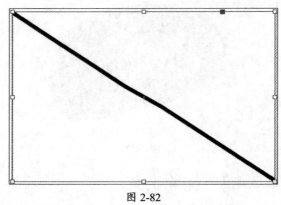

图 2-81   图 2-82

● **开放路径** ：选中闭合路径，单击此按钮，可以将闭合路径转换为开放路径，使用"直接选择工具"选中开放处，可自由调整或删除，如图2-83和图2-84所示。

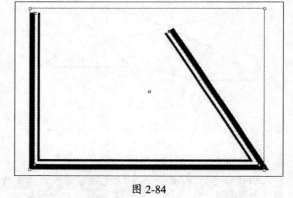

图 2-83   图 2-84

● **封闭路径** ：选中开放路径，单击此按钮，将开放路径转换为闭合路径，如图2-85和图2-86所示。

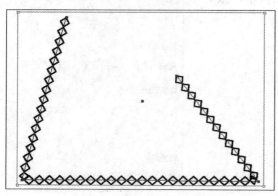
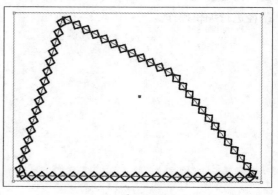

图 2-85   图 2-86

● **反转路径**：选中目标路径，单击此按钮，可以更改路径方向，如图2-87和图2-88所示。

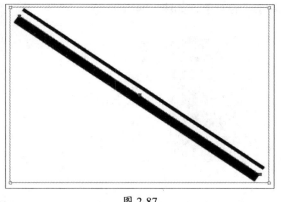

图 2-87

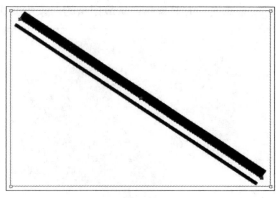

图 2-88

■2.5.2 路径查找器

在"路径查找器"面板中的"路径查找器"选项组中，提供了5个与路径相关的编辑按钮。

● **相加**：将选中的对象组合成一个形状，如图2-89和图2-90所示。

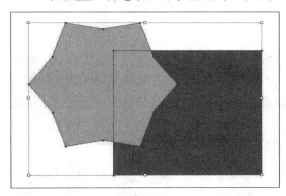

图 2-89

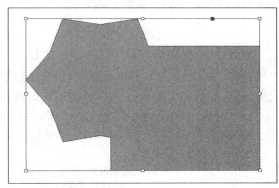

图 2-90

● **减去**：从最底层的对象中减去最顶层的对象，如图2-91所示。

● **交叉**：选取交叉形状区域，如图2-92所示。

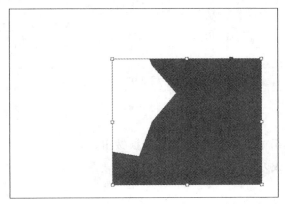

图 2-91

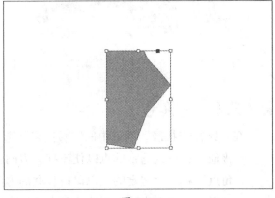

图 2-92

- **排除重叠**：选取重叠形状之外的区域，如图2-93所示。
- **减去后方对象**：从最顶层的对象中减去最底层的对象，如图2-94所示。

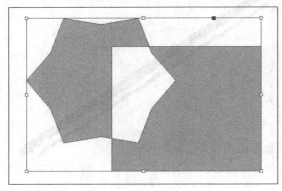

图 2-93　　　　　　　　　　　　　　　　图 2-94

■2.5.3　转换形状

在"路径查找器"面板中的"转换形状"选项组中，提供了9种形状编辑按钮，如图2-95所示。

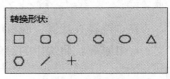

图 2-95

绘制好一个图形，单击该选项组的任意一个图标，即可将图形转换为相应的形状，如图2-96和图2-97所示。其中，使用"转换为直线" ╱ 选项时，若图形描边为无，单击此按钮则会转换为描边为无的直线，在控制面板可进行描边设置；使用"将形状转换为垂直或水平直线" ＋ 选项时，需在描边为无的状态下应用。

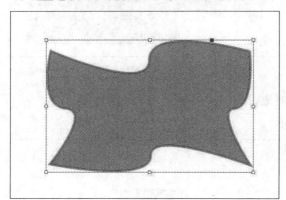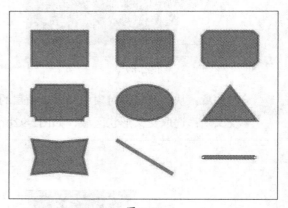

图 2-96　　　　　　　　　　　　　　　　图 2-97

■2.5.4　转换点

在"路径查找器"面板中的"转换点"选项组中，提供了4种锚点转换按钮。

- **普通**：更改选定的点以便不拥有方向点或方向控制把手。
- **角点**：更改选定的点以保持独立的方向。
- **平滑**：将选定的点更改为具有连结方向控制把手的连续曲线。
- **对称**：将选定的点更改为具有相同长度的方向控制把手的平滑点。

经验之谈 黄金分割与斐波那契数列

黄金分割是基于8：13的近似比形成的，是在两个不对称组件的基础之上建立起来的关系，如图2-98所示。这些组件可以是页面上的任何元素——活跃区域、页面区域、标题字号、正文字号等。

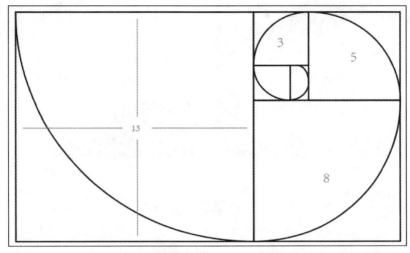

图 2-98

黄金分割广泛出现在绘画、设计和建筑领域在内的许多原理当中。斐波那契螺旋线（也称黄金螺旋线）也遵循这样的比例和数值关系，通常可以把它当作构图工具，用来布局画面中各个元素的位置，把握大小关系，营造和谐的画面效果。

例如，著名的意大利画家桑德罗·波提切利创作的《维纳斯的诞生》，苹果公司的logo设计，希腊巴特农神殿的建筑设计。也可以从许多事物身上看到这个比例的应用，包括松果、向日葵（如图2-99所示）、蜗牛（如图2-100所示）和鹦鹉螺的外壳，以及人的身体。

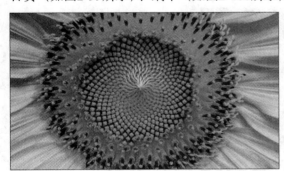

图 2-99

图 2-100

斐波那契数列是一个相邻之和等于第三项的数列，这一数列以数学家斐波那契的名字命名。斐波那契数列为0、1、1、2、3、5、8、13、21、34、55……

运用斐波那契数列可以进行版式设计，体现在网格系统和文本框布局中，可以达到一种均衡效果。

上手实操

实操一：制作名片

制作名片，如图2-101和图2-102所示。

| 图 2-101 | 图 2-102 |

设计要领

- 选择"圆形工具"，绘制正圆并持续复制组成图形。
- 选中全部圆形，在"路径查找器"面板中单击"相加"选项。
- 输入文字信息并置入二维码。

实操二：制作渐变马赛克banner

制作渐变马赛克banner，如图2-103所示。

图 2-103

设计要领

- 置入图像后使用"矩形工具"绘制圆角矩形，复制编组并连续复制。
- 绘制白色矩形，在"路径查找器"面板中单击"减去"选项。
- 创建渐变并输入文字。

第3章
对象的编辑与操作

内容概要

本章主要介绍InDesign中对象的编辑与操作，包括基础的对象编辑，移动、复制、删除对象，对象的编组和锁定，对象的变换、对齐与分布，以及对象效果的设置。

知识要点

- 对象的编辑。
- 对象的变换。
- 对象的对齐与分布。
- 对象效果的设置。

数字资源

【本章案例素材来源】："素材文件\第3章"目录下

【本章案例最终文件】："素材文件\第3章\案例精讲\制作杂志内页.indd"

案例精讲 制作杂志内页

案/例/描/述

　　本案例主要讲解如何制作杂志内页。杂志的版式要求一般是简约大方，信息一目了然。本例制作的杂志内页分为左右两页，左侧为小图加文字介绍，右侧为大图。

　　在实操过程中用到的知识点有新建文档、矩形工具、置入文件、文字工具、对齐、不透明度、对象排列等。

扫码观看视频

案/例/详/解

　　下面将对案例的制作过程进行详细讲解。

图 3-1

步骤 01 执行"文件"→"新建"→"文档"命令，在弹出的"新建文档"对话框中设置参数，如图3-1所示，单击"边距和分栏"按钮。

步骤 02 在弹出的"新建边距和分栏"对话框中设置参数，如图3-2所示。

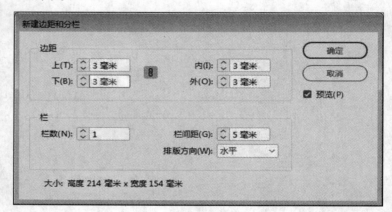

图 3-2

步骤 03 新建的空白文档如图3-3所示。

步骤 04 选择"矩形工具"，绘制矩形并填充黑色，如图3-4所示。

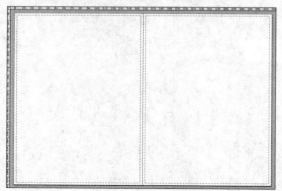

图 3-3

图 3-4

步骤 **05** 在控制面板中设置矩形不透明度为 ⊠ 5% ▷ ，如图3-5所示。

步骤 **06** 执行"窗口"→"图层"命令，在弹出的"图层"面板中锁定"矩形"图层，如图3-6所示。

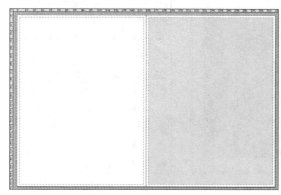

图 3-5　　　　　　　　　　　　　　　　　　　　图 3-6

步骤 **07** 执行"文件"→"置入"命令，置入素材"1.jpg"，调整至合适大小并放置到合适位置，如图3-7所示。

步骤 **08** 执行"文件"→"置入"命令，按住Shift键选中素材"2.jpg"~"5.jpg"，单击"打开"按钮，如图3-8所示。

图 3-7　　　　　　　　　　　　　　　　　　　　图 3-8

步骤 **09** 在操作页面上出现一个小的缩览图，依次置入，如图3-9所示。

步骤 **10** 移动图层"5"并使其与图层"1"底部对齐，如图3-10所示。

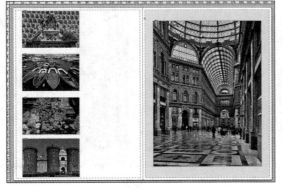

图 3-9　　　　　　　　　　　　　　　　　　　　图 3-10

步骤 **11** 移动图层"3"并使其与图层"5"居中对齐,如图3-11所示。

步骤 **12** 执行"窗口"→"对象和版面"→"对齐"命令,弹出"对齐"面板,如图3-12所示。

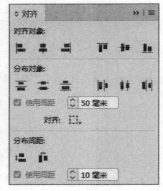

图 3-11　　　　　　　　　　　　　　　　图 3-12

步骤 **13** 选中图层"2",按住Shift键加选图层"3",释放Shift键后单击图层"3",单击"对齐"面板中的"顶对齐" 按钮,如图3-13所示。

步骤 **14** 选中图层"4",按住Shift键加选图层"5",释放Shift键后单击图层"5",单击"对齐"面板中的"顶对齐" 按钮,如图3-14所示。

图 3-13　　　　　　　　　　　　　　　　图 3-14

步骤 **15** 框选图层"2"~"5",水平移动,使其在左页面中居中对齐,如图3-15所示。

步骤 **16** 水平移动图层"2"和"4",使图层"4"与图层"3"对齐,如图3-16所示。

图 3-15　　　　　　　　　　　　　　　　图 3-16

步骤 **17** 选中图层"2",按住Shift+Ctrl组合键等比例放大,如图3-17所示。

步骤 **18** 按住Shift键加选图层"1",释放Shift键后单击图层"1",单击"对齐"面板中的"顶对齐" ⊤ 按钮,如图3-18所示。

图 3-17

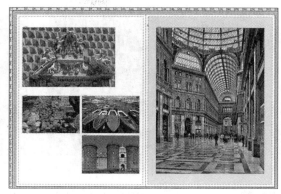
图 3-18

步骤 **19** 选择"文字工具",创建文本框并输入文字,如图3-19所示。

步骤 **20** 按住Alt键复制文字并更改填充色,如图3-20所示。

图 3-19

图 3-20

步骤 **21** 右击鼠标,在弹出的快捷菜单中选择"排列"→"后移一层"选项,如图3-21所示。

步骤 **22** 选择"矩形工具",绘制矩形并填充颜色为白色,调整不透明度为72%,如图3-22所示。

图 3-21

图 3-22

步骤 23 选择"文字工具",创建文本框并输入文字,如图3-23所示。

步骤 24 选中文字和白色矩形框后单击矩形框,在"对齐"面板中单击"水平居中对齐" ﹗,如图3-24所示。

图 3-23

图 3-24

步骤 25 单击白色的文字图层"Napoli",右击鼠标,在弹出的快捷菜单中选择"排列"→"置于顶层"选项,如图3-25所示。

步骤 26 选择"直排文字工具",创建文本框并输入文字,如图3-26所示。

图 3-25

图 3-26

步骤 27 选择"直排文字工具",创建文本框并输入文字,如图3-27所示。

步骤 28 最终效果如图3-28所示。

图 3-27

图 3-28

至此,完成杂志内页的制作。

3.1　对象的基本操作

图形对象的基本操作包括移动对象、复制对象、剪贴对象、编组对象和锁定对象。

■ 3.1.1　移动对象

在InDesign中，选中目标对象后，可以根据不同的需要灵活地使用多种方式移动对象。

- 使用"选择工具"拖动对象。
- 使用键盘上的上下左右箭头键。
- 在控制面板中的"X"与"Y"框中设置水平或垂直移动的参数，如图3-29和图3-30所示。

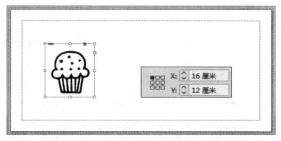
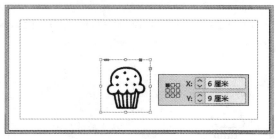

图 3-29　　　　　　　　　　　　　　　　图 3-30

> ❗ 提示：在移动的同时按住Shift键可以将移动限制在邻近的45°角范围内。

■ 3.1.2　复制对象

复制对象就是复制出一个与之前图案相同的图形对象。复制可以分为复制、多重复制和连续复制。

1. 复制

复制对象有以下4种方法。

- 按住Alt键可以快速复制一个对象。
- 按Ctrl+C组合键复制对象，按Ctrl+V组合键粘贴对象。
- 执行"编辑"→"复制"命令，再执行"编辑"→"粘贴"命令。
- 执行"编辑"→"直接复制"命令，如图3-31和图3-32所示。

图 3-31　　　　　　　　　　　　　　　　图 3-32

2. 多重复制

若要多重复制对象，可执行"编辑"→"多重复制"命令，在弹出的"多重复制"对话框中设置参数，如图3-33所示。

图 3-33

图3-34和图3-35为设置参数前后的对比效果图。

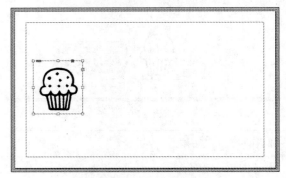

图 3-34

图 3-35

3. 连续复制

若要连续复制，可以选中目标对象，按住Alt键复制对象，再按Shift+Ctrl+Alt+D组合键连续复制，如图3-36和图3-37所示。

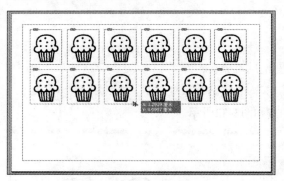

图 3-36

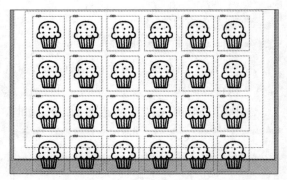

图 3-37

■ 3.1.3 剪切、粘贴对象

选中对象，执行"编辑"→"剪切"命令，或按Ctrl+X组合键剪切对象，将所选对象剪切到剪贴板，被剪切对象消失，如图3-38和图3-39所示。

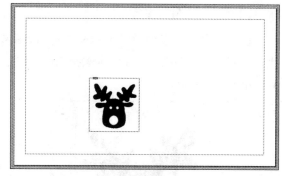

图 3-38   图 3-39

执行"编辑"→"粘贴"命令，或按Ctrl+V组合键复制，将对象粘贴到中心位置，如图3-40所示。

执行"编辑"→"原位粘贴"命令，可将对象粘贴到复制或剪切时所在的位置，如图3-41所示。

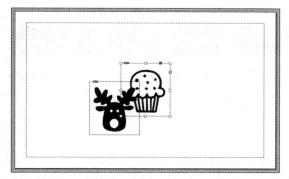

图 3-40   图 3-41

■ 3.1.4 编组与取消编组

若需要对多个对象同时采取相同的操作，可以将其变为一个整体。选中目标对象，执行"对象"→"编组"命令，或按Ctrl+G组合键即可，如图3-42和图3-43所示。

图 3-42   图 3-43

若要取消编组，可执行"对象"→"取消编组"命令，或按Ctrl+Shift+G组合键。

■ 3.1.5 锁定对象

在设计时，可以将暂时不需要编辑的对象锁定，使其不能移动和变换等。选中目标对象，执行"对象"→"锁定"命令，或按Ctrl+L组合键，锁定后的对象左侧将出现锁的图标，如图3-44和图3-45所示。

图 3-44

图 3-45

3.2 对象的变换

使用InDesign提供的自由变换工具、旋转工具、缩放工具、切变工具，可以完成对象的变换操作。

■ 3.2.1 旋转对象

选中目标对象，选择"旋转工具" ，单击控制点，然后围绕该控制点进行旋转。在旋转过程中，会显示旋转的角度。选择不同的控制点进行旋转，效果也会不同，如图3-46和图3-47所示。

图 3-46

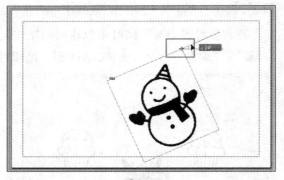

图 3-47

若要精确旋转，有以下两种方法。

1. 在"旋转"对话框中设置

在工具箱中双击"旋转工具" ，弹出"旋转"对话框，如图3-48所示。

图 3-48

图3-50为图3-49旋转180°后复制的效果图。

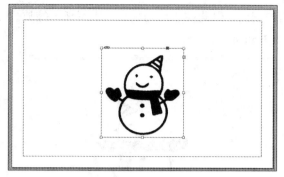

图 3-49   图 3-50

2. 在控制面板中进行设置（参考点为▦）

- **旋转角度** △：在该文本框中设置旋转的角度，按Enter键即可应用。
- **顺时针旋转90°** ⟳：单击此按钮，选中的对象顺时针旋转90°，如图3-51所示。
- **逆时针旋转90°** ⟲：单击此按钮，选中的对象逆时针旋转90°，如图3-52所示。

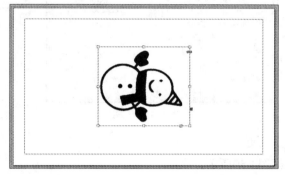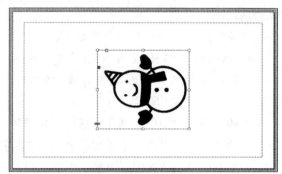

图 3-51   图 3-52

- **水平翻转** ◁▷：单击此按钮，选中的对象水平翻转，如图3-53所示。
- **垂直翻转** ⬍：单击此按钮，选中的对象垂直翻转，如图3-54所示。

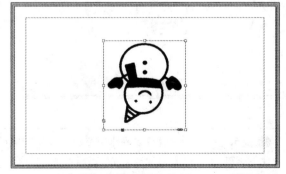

图 3-53   图 3-54

---

❶ **提示**：可在控制面板中单击"参考点" ▦ 按钮更改参考点。参考点不同，旋转相同角度的效果也不同。

■3.2.2　缩放工具

选中目标对象，选择"缩放工具" 🔲，单击控制点，以此控制点为定点，进行任意缩放。选择不同的控制点，效果也会不同，如图3-55和图3-56所示。

图 3-55

图 3-56

若要精确缩放，可以在工具箱中双击"缩放工具" 🔲，弹出"缩放"对话框，如图3-57所示。

该对话框中主要选项的介绍如下。

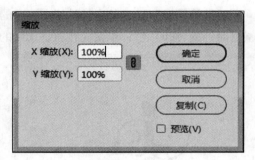

图 3-57

- **"X缩放""Y缩放"**：在文本框中输入相应的数值，可以调整缩放比例的大小，如图3-58所示。
- **约束缩放比例** 🔘：选中该按钮可保持等比例缩放，更改一个参数，另一个参数将自动更改。
- **复制**：单击该按钮，可复制缩放的副本，如图3-59所示。

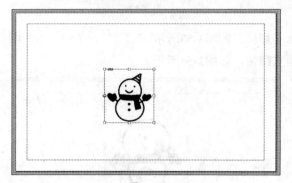

图 3-58

图 3-59

> ❗ **提示**：按住Shift键可以等比例缩放，按住Alt键可以以中心点缩放，按住Shift+Alt键可以以中心点等比例缩放。

■3.2.3 切变对象

选中目标对象，选择"切变工具" ☞ ，单击控制点，可以围绕该控制点进行切变。选择不同的控制点进行切变，效果也会不同，如图3-60和图3-61所示。

图 3-60

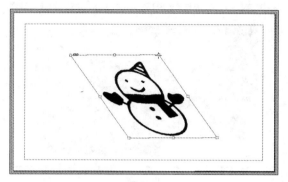

图 3-61

若要精确切变，可以在工具箱中双击"切变工具" ☞ ，弹出"切变"对话框，如图3-62所示。

图3-63和图3-64为设置切变角度为20°前后的对比效果图。

图 3-62

图 3-63

图 3-64

3.3 对象的排列

对象的排列决定了最终的显示效果。执行"对象"→"排列"命令，其子菜单包括多个排列调整命令，如图3-65所示。也可在选中图形的时候，右击鼠标，在弹出的快捷菜单中选择合适的排列选项。

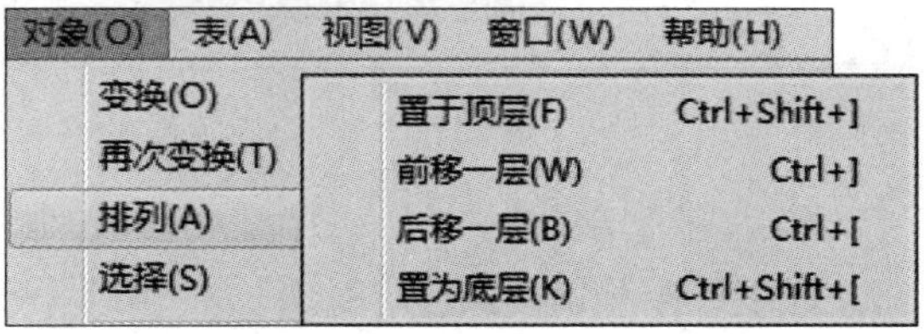

图 3-65

1. 置于顶层

选中目标对象，执行"对象"→"排列"→"置于顶层"命令，或按Ctrl+Shift+]组合键，可将目标图层移至最顶层，如图3-66和图3-67所示。

图 3-66   图 3-67

在"图层"面板中也可以通过拖动对图层的顺序进行调整，如图3-68和图3-69所示。

图 3-68   图 3-69

2. 前移一层

选中目标对象，执行"对象"→"排列"→"前移一层"命令，或按Ctrl+]组合键，可将目标图层上移一层，如图3-70和图3-71所示。

图 3-70   图 3-71

3. 后移一层

选中目标对象，执行"对象"→"排列"→"后移一层"命令，或按Ctrl+[组合键，可将目标图层后移一层，如图3-72和图3-73所示。

图 3-72 图 3-73

4. 置于底层

选中目标对象，执行"对象"→"排列"→"置于底层"命令，或按Ctrl+Shift+[组合键，可将目标图层置于底层，如图3-74和图3-75所示。

图 3-74 图 3-75

3.4 对象的对齐与分布

在绘图过程中，若要添加大量排列整齐的对象，可执行"窗口"→"对象和版面"→"对齐"命令，弹出"对齐"面板，如图3-76所示。在"对齐"面板中设置相应的选项，可以沿选区、关键对象、边距、页面或跨页实现水平或垂直地对齐或分布对象。

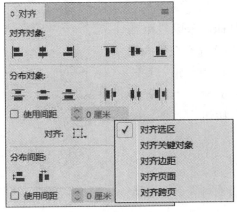

图 3-76

■3.4.1 对齐对象

在"对齐"面板中的"对齐对象"选项组中，提供了6种对齐方式，分别为"左对齐"⊫、"水平居中对齐"⊞、"右对齐"⊣、"顶对齐"⊤、"垂直居中对齐"⊞和"底对齐"⊥。

在"对齐"面板中部的"对齐"下拉列表框中，可以选择对齐的方式，具体介绍如下。

- **对齐选区**⊞：设置目标对象沿所选选区对齐。设置该选项后单击"左对齐"按钮，效果如图3-77和图3-78所示。

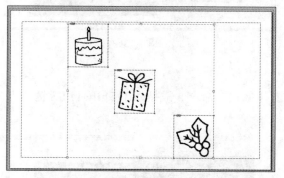

图 3-77   图 3-78

- **对齐关键对象**⊞：设置目标对象以选定的关键对象为中心进行对齐。设置该选项后，在页面中单击选择对象，选中的对象轮廓比周围要深，如图3-79所示，单击"左对齐"按钮，效果如图3-80所示。

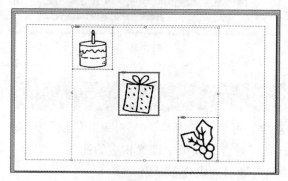
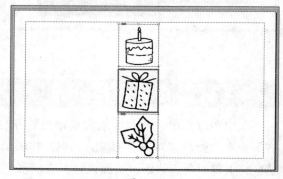

图 3-79   图 3-80

- **对齐边距**⊞：设置目标对象以边距线为对齐标准，所有的对齐命令在框内完成。设置该选项后，"使用间距"复选框将有效，在其后的文本框中设置参数，单击"左对齐"按钮，效果如图3-81所示。

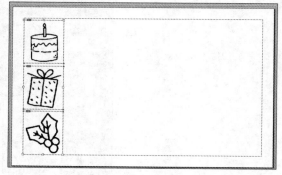

图 3-81

- **对齐页面** ：设置目标对象以页面边线为对齐标准，所有的对齐命令在页面框内完成。设置该选项后，单击"左对齐"按钮，效果如图3-82所示。

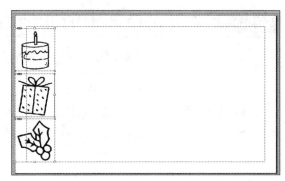

图 3-82

- **对齐跨页** ：设置该选项后，单击"左对齐"按钮，效果如图3-83和图3-84所示。

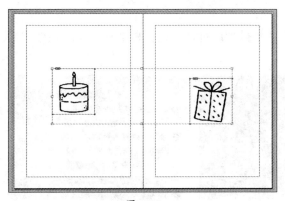

图 3-83

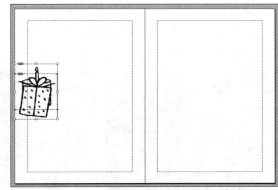

图 3-84

■3.4.2 分布对象

在"分布对象"选项组中，提供了6种分布方式，分别为"按顶分布" 、"垂直居中分布" 、"按底分布" 、"按左分布" 、"水平居中分布" 和"按右分布" 。

使用"分布间距"命令可以指定对象间固定的距离。勾选"使用间距"复选框，在文本框中设置参数为2厘米，图3-85和图3-86为"垂直分布间距" 与"水平分布间距" 的效果图。

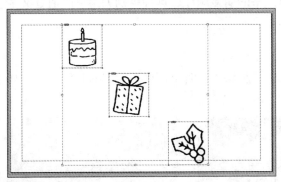

图 3-85

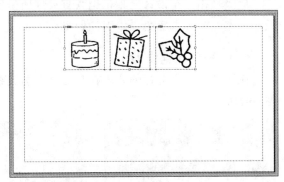

图 3-86

经验之谈 版式设计中的 9 种方式

掌握一些版式设计中的原理，可以更加生动形象地表达自己的创意与想法。

1. 邻近

邻近是指将多个设计元素放在相互靠近的区域。例如，将一个图注摆放在离某张图比较近的区域，便意味着该图注的内容对应的是这张图片，如图3-87所示。

2. 整合

整合是指将截然不同的元素合并在一个作品中。通过让不同的设计对象相互关联起来，邻近和重复这两种方法都可以很好地创造整体感，如图3-88所示。

3. 对齐

对齐是一种设计作品总体结构上的需求。将素材排列成行，形成一种结构，通过该种结构表达和演绎作品所蕴含的意义，如图3-89所示。

 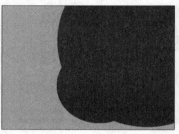 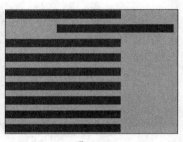

图 3-87　　　　　　　　　图 3-88　　　　　　　　　图 3-89

4. 对比

对比是指将风格迥异的设计元素同时放置在一起，通过这种方式使它们之间的对比关系变得更加明显，营造一种引人注目的视觉张力，如图3-90所示。

5. 层级

层级是指各个设计元素根据其重要性所呈现出来的明显顺序，这种级别关系可以通过文字大小、字间距或者颜色来体现，如图3-91所示。

6. 均衡和视觉张力

在设计中各式各样的元素存在一种均衡关系，这种均衡同时也形成了丰富的画面层次，如图3-92所示。

 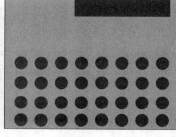 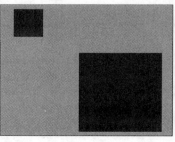

图 3-90　　　　　　　　　图 3-91　　　　　　　　　图 3-92

7. 并置

并置是指将多个设计元素放在彼此相邻的位置，建立起密切的联系，如图3-93所示。

8. 重复

通过重复能增强信息传达的效果，并充分彰显信息的重要性，如图3-94所示。

9. 留白

留白是指在画面中留出一定的空白区域，从而将注意力吸引到周围的设计元素上，如图3-95所示。

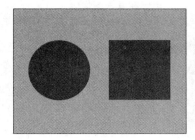
图 3-93

图 3-94

图 3-95

下面欣赏一些不同构图的版式设计，如图3-96、图3-97、图3-98和图3-99所示。

图 3-96

图 3-97

图 3-98

图 3-99

上手实操

实操一：简单的杂志排版

简单的杂志排版，如图3-100所示。

图 3-100

设计要领

- 选择"矩形工具"，绘制矩形并置入图像。
- 输入文字并对齐对象。

实操二：制作企业画册

制作企业画册，如图3-101所示。

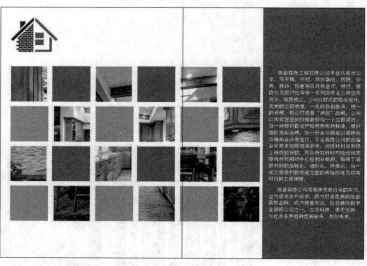

图 3-101

设计要领

- 选择"矩形工具"，绘制矩形。
- 选择"矩形框架工具"，绘制矩形框架，并使其水平、垂直对齐，水平居中分布。
- 置入素材图像（按比例缩放，12个框架置入同一幅图）。
- 输入文字并进行设置。

第4章
颜色与效果

内容概要

本章主要介绍InDesign中关于颜色与效果的知识。对于图像对象不仅可以填充单一颜色，还可以填充渐变颜色。使用"颜色"面板、"色板"面板、"渐变"面板可以对图形对象进行填充；使用"描边"面板可以对边框进行设置；使用"效果"面板可以对图像对象进行不同效果的设置。

知识要点

● 颜色的类型与模式。
● 图形填充和描边的设置。
● 色板的基本操作。
● 对象效果的设置。

数字资源

【本章案例素材来源】："素材文件\第4章"目录下
【本章案例最终文件】："素材文件\第4章\案例精讲\制作邀请函.indd"

案例精讲 制作邀请函

案/例/描/述

本案例主要讲解如何制作邀请函。邀请函可分为单页的海报式邀请函和普通的对折邀请函。本次制作的是海报式邀请函，以渐变颜色为背景，使用圆形渐变进行装饰。

扫码观看视频

在实操中主要用到的知识点有新建文件、置入图像、椭圆工具、"渐变"面板、"颜色"面板、文字工具、路径查找器、连续复制、对齐等。

案/例/详/解

下面将对案例的制作过程进行详细讲解。

图 4-1

步骤 01 执行"文件"→"新建"→"文档"命令，在弹出的"新建文档"对话框中设置参数，如图4-1所示，单击"边距和分栏"按钮。

步骤 02 在弹出的"新建边距和分栏"对话框中设置参数，如图4-2所示。

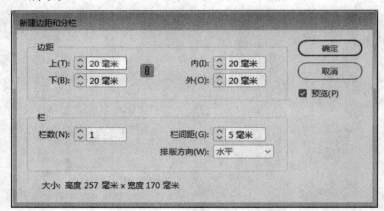

图 4-2

步骤 03 新建的空白文档如图4-3所示。

步骤 04 选择"矩形工具"，绘制一个矩形，如图4-4所示。

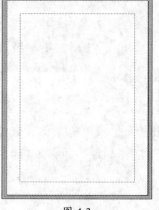

图 4-3 　　　　　　　　　图 4-4

步骤 05 选择"渐变色板工具",弹出"渐变"面板,在"类型"下拉列表框中选择"线性",如图4-5和图4-6所示。

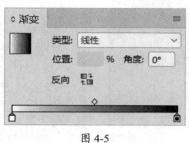

图 4-5　　　　　　　　　　图 4-6

步骤 06 执行"窗口"→"颜色"→"颜色"命令,弹出"颜色"面板,先在"渐变"面板中单击渐变色标,然后在"颜色"面板中设置颜色,如图4-7和图4-8所示。效果如图4-9所示。

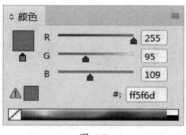

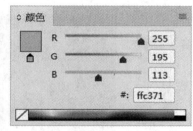

图 4-7　　　　　　　　　　图 4-8

步骤 07 选择"椭圆工具",按住Shift键绘制圆形,如图4-10所示。

步骤 08 选择"吸管工具",吸取背景颜色,如图4-11所示。

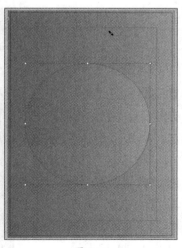

图 4-9　　　　　　图 4-10　　　　　　图 4-11

步骤 09 使用"选择工具"调整圆形,并将其放置在合适的位置,如图4-12所示。

步骤 10 按住Alt键复制两个圆形,如图4-13所示。

步骤11 使用"选择工具"调整圆形的位置和渐变方向，如图4-14所示。

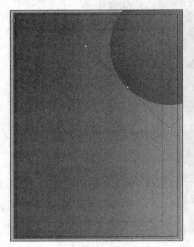

图 4-12

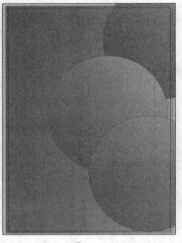

图 4-13

图 4-14

步骤12 选择"文字工具"，创建文本框并输入文字，如图4-15所示。

步骤13 执行"窗口"→"文字和表"→"字符"命令，在弹出的"字符"面板中设置参数，如图4-16所示。

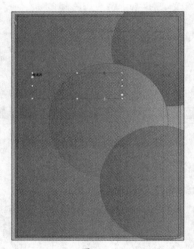

图 4-15

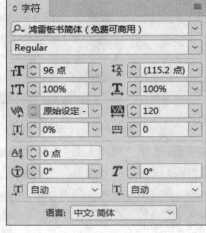

图 4-16

步骤14 选择"文字工具"，选中文字，双击工具箱中的"填色"图标，在弹出的"拾色器"中设置颜色，效果如图4-17所示。

步骤15 选择"矩形工具"，绘制矩形并填充颜色，效果如图4-18所示。

图 4-17

图 4-18

步骤 16 选择"文字工具"，创建文本框并输入文字，并在"字符"面板中设置参数，如图4-19和图4-20所示。

图 4-19

图 4-20

步骤 17 选择"文字工具"，继续创建文本框并输入文字，如图4-21所示。

步骤 18 执行"文件"→"置入"命令，置入素材"二维码.png"，调整至合适大小，并放置到合适的位置，如图4-22所示。

图 4-21

图 4-22

步骤 19 启动Illustrator，打开素材文件"logo.ai"，选中并拖入至InDesign软件中，如图4-23所示。

步骤 20 选择"文字工具"，继续创建文本框并输入文字，再调整文字位置，如图4-24所示。

图 4-23

图 4-24

步骤21 选择"椭圆工具",按住Shift键绘制正圆,如图4-25所示。

步骤22 选择"矩形工具",绘制矩形并填充白色,如图4-26所示。

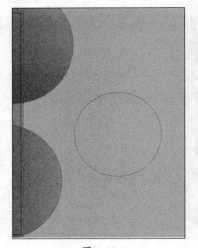 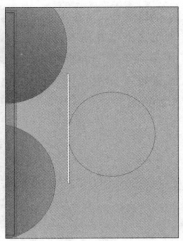

图 4-25 图 4-26

步骤23 按住Alt键水平复制矩形,按Ctrl+Shift+Alt+D组合键连续复制,如图4-27所示。

步骤24 框选矩形组和正圆,执行"窗口"→"对象和版面"→"路径查找器"命令,单击"减去" ▣ 按钮,效果如图4-28所示。

 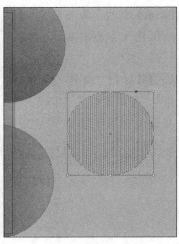

图 4-27 图 4-28

步骤25 设置填充颜色,调整至合适大小,放置到合适的位置,如图4-29所示。

步骤26 最终效果如图4-30所示。

图 4-29 图 4-30

至此,完成邀请函的制作。

边用边学

4.1 应用颜色

应用颜色时，可以指定将颜色应用于对象的描边和填色。描边适用于对象的边框或框架，填色适用于对象的背景。

4.1.1 标准颜色控制组件

用在工具箱中的标准颜色控制组件，可以轻松地设置所选图形的填充与描边颜色，如图4-31所示。

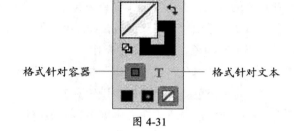

格式针对容器　　　格式针对文本

图 4-31

该组件中主要图标的含义如下。

- **填色■**：选中图形，双击此按钮，在弹出的"拾色器"中可设置填充颜色。
- **描边▣**：选中图形，双击此按钮，在弹出的"拾色器"中可设置描边颜色。
- **互换填色和描边↰**：单击此按钮，可以在填色和描边之间互换。
- **默认填色和描边▣**：单击此按钮，或按D键可恢复默认颜色（填色为白色，描边为黑色）。
- **应用颜色■**：单击此按钮，应用上次选择的颜色。
- **应用渐变▣**：单击此按钮，应用上次选择的渐变色。
- **应用无▨**：单击此按钮，可以删除选定对象的填色或描边，使其颜色为无。

4.1.2 拾色器

使用"拾色器"可以从色域中选择颜色，或以数字方式指定颜色。在工具箱中双击"填色"按钮，弹出"拾色器"对话框，如图4-32所示。

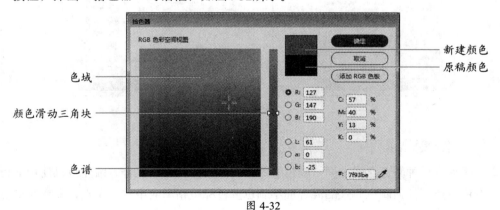

图 4-32

要更改颜色，有以下3种操作。

- 在色域内单击或拖动。十字准线指示颜色在色域中的位置。
- 沿颜色色谱拖动颜色滑动三角块，或者在颜色色谱内单击。
- 在任一文本框中输入数值。

⚠ 提示：要更改"拾色器"中显示的颜色色谱，可以单击字母R（红色）、G（绿色）、B（蓝色），也可单击L（亮度）、a（绿色-红色轴）、b（蓝色-黄色轴）。

■ 4.1.3 "颜色"面板

"颜色"面板显示当前选择对象的填色和描边值，通过该面板可以使用不同模式来设置对象的颜色。执行"窗口"→"颜色"→"颜色"命令，弹出"颜色"面板，如图4-33所示。

要更改颜色，有以下3种操作。

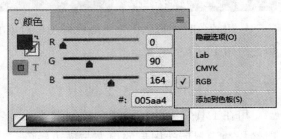

图 4-33

- 单击"填色"或"描边"按钮，在弹出的"拾色器"对话框中设置参数。

- 拖动颜色滑块或在文本框中输入数值设置颜色，如图4-34和图4-35所示。

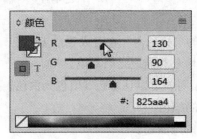

图 4-34

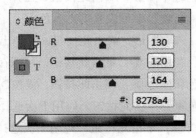

图 4-35

- 当鼠标靠近颜色条上，光标变为吸管形状，单击即可设置颜色，如图4-36所示。

单击"菜单" ☰ 按钮，在弹出的菜单中可更改颜色模式，如图4-37所示。

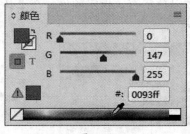

图 4-36

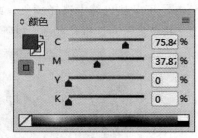

图 4-37

■ 4.1.4 "渐变"面板

渐变是两种或多种颜色之间或同一颜色的两个色调之间的逐渐混合。渐变可以使用纸色、印刷色、专色或使用任何颜色模式的混合油墨颜色。色标是指渐变中的一个点，渐变在该点从一种颜色变为另一种颜色，色标由渐变条下的彩色方块标识。默认情况下，渐变以两种颜色开始，中点在50%。

在工具箱中双击"渐变色板工具" ▣，或者执行"窗口"→"颜色"→"渐变"命令，弹出"渐变"面板，如图4-38所示。

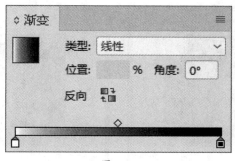

图 4-38

该面板中主要选项的介绍如下。

● **类型**：在该下拉列表框中有"线性"和"径向"两个选项。线性：渐变色将从一端到另一端进行变化，如图4-39所示；径向：渐变色将从中心到边缘进行变化，如图4-40所示。

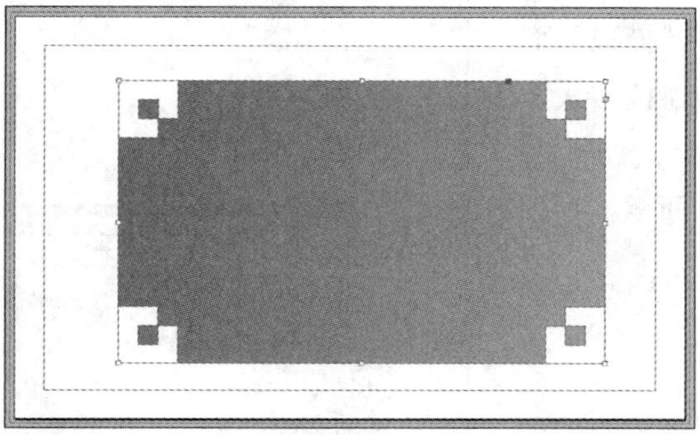

图 4-39 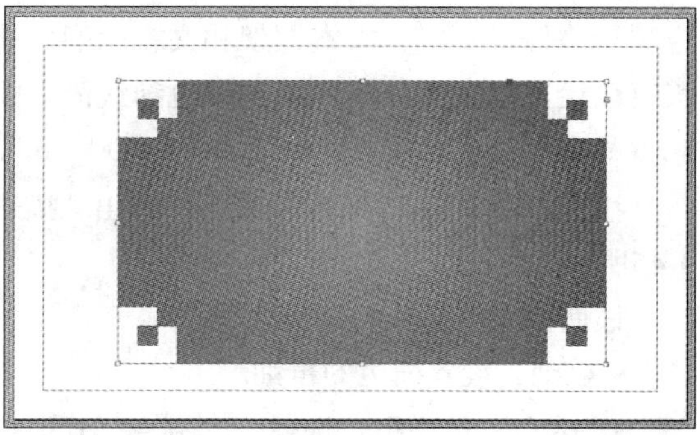   图 4-40

● **位置**：单击增加色标或调整色标的位置，拖动滑块，或选择色标后在"位置"文本框中输入0%~100%之间的数值，如图4-41和图4-42所示。

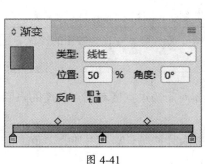

图 4-41

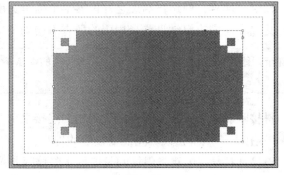

图 4-42

● **角度**：在该文本框中输入数值，即可调整渐变角度，图4-43为30°的效果。
● **反向** ：单击该按钮，可将渐变的方向进行对调，如图4-44所示。

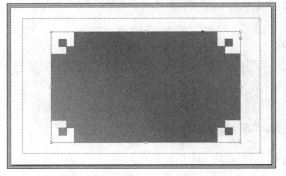

图 4-43

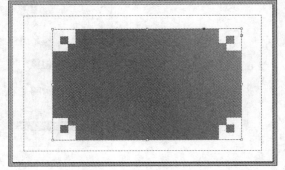

图 4-44

■ 4.1.5 "描边"面板

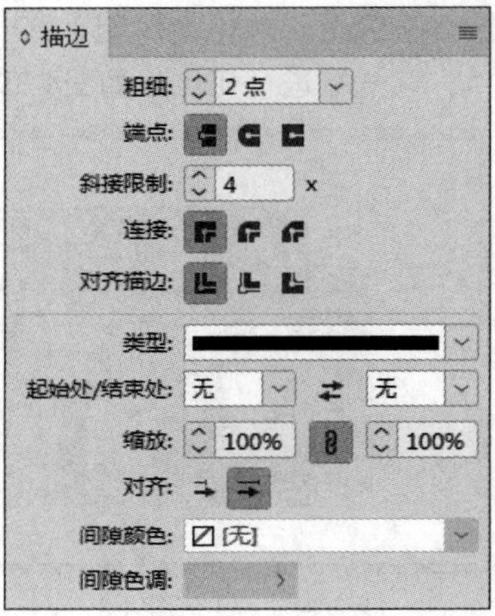

描边颜色是针对路径定义颜色的，可将描边或线条设置应用于路径、形状、文本框架和文本轮廓。通过"描边"面板可以设置描边的外观和粗细，包括线段之间的连接方式、起点与终点形状和角点的选项等。

执行"窗口"→"描边"命令，弹出"描边"面板，如图4-45所示。

该面板中各选项的介绍如下。

● **粗细**：设置描边的粗细。

● **"端点"选项组**：选择一个端点样式以设置开放路径两端的外观。

图 4-45

平头端点：创建邻接（终止于）端点的方形端点。

原头端点：创建在端点外扩展半个描边宽度的半圆端点。

投射末端：创建在端点之外扩展半个描边宽度的方形端点。

此选项使描边粗细沿路径周围的所有方向均匀扩展。

> ❗ **提示**：路径开放状态下端点显示，封闭路径的端点不显示。端点样式在描边较粗的情况下更易于查看。

● **斜接限制**：设置在斜角连接成为斜面连接之前，相对于描边宽度对拐点长度的限制。

● **"连接"选项组**：设置角点处描边的外观。

斜接连接：创建当斜接的长度位于斜接限制范围内时扩展至端点之外的尖角。

圆角连接：创建在端点之外扩展半个描边宽度的圆角。

斜面连接：创建与端点邻接的方角。

● **对齐描边**：单击某个图标以指定描边相对于其路径的位置。

● **类型**：在列表框中可选择描边类型，如图4-46所示。

● **起始处/结束处**：设置路径起点和终点处的端点样式效果，如图4-47和图4-48所示。

单击图标可互换箭头起始处和结束处。

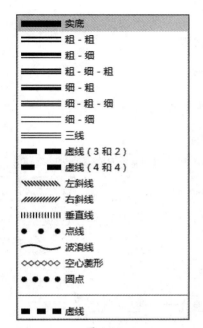

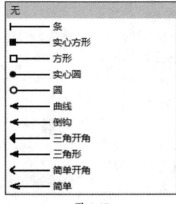

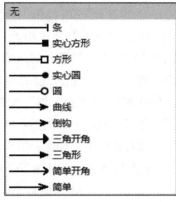

图 4-46　　　　　　　　图 4-47　　　　　　　　图 4-48

- **缩放**：分别重新调整箭头尖端和终点。
- **对齐**：调整路径以对齐箭头尖端或终点。"将箭头提示扩展到路径终点外" ➡：扩展箭头笔尖超过路径末端；"将箭头提示置于到路径终点处" ➡：在路径末端放置箭头笔尖。
- **间隙颜色**：设置要在应用图案的描边中的虚线、点线或多条线条之间的间隙中显示的颜色。
- **间隙色调**：设置一个色调（当设置间隙颜色后）。

4.2 "色板"面板

"色板"面板可以创建和命名颜色、渐变、色调，并将其快速应用。对色板所做的任何改变都将影响该面板的所有对象。执行"窗口"→"颜色"→"色板"命令，弹出"色板"面板，如图4-49所示。

该面板中主要选项的介绍如下。

- **色调**："色板"面板中显示在色板旁边的百分比值，用于指示专色或印刷色的色调。
- **套版色**：使对象可在PostScript打印机的每个分色中进行打印的内建色板。
- **纸色**：一种内建色板，用于模拟印刷纸张的颜色。纸色对象后面的对象不会印刷纸色对象与其重叠的部分。双击"纸色"选项进行编辑，可使其与纸张类型相匹配。纸色仅用于预览，不会在复合打印机上打印，

图 4-49

也不会通过分色来印刷。

● **黑色**：一种内建色板，使用CMYK颜色模型定义的100%印刷黑色。

4.2.1　新建色板

在"色板"面板中可根据需要新建印刷色、专色、色调、渐变色板。

1.新建印刷色色板

单击"色板"面板中的"菜单"按钮，在弹出的菜单中选择"新建颜色色板"选项，或在按住Alt+Ctrl组合键的同时单击"色板"面板底部的"新建色板"按钮，弹出"新建颜色色板"对话框，如图4-50所示。

该对话框中主要选项的介绍如下。

● **色板名称**：默认情况下创建新的印刷色会直接以颜色值命名。取消勾选"以颜色值命名"复选框，可以自定义颜色名称。

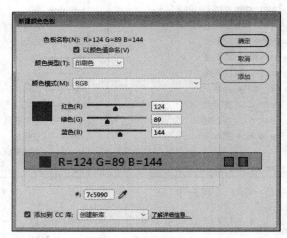

图 4-50

● **颜色类型**：选择用于印刷文档颜色的方法。

● **颜色模式**：选择用于定义颜色的模式。切记不要在定义颜色后更改模式。

2.新建专色色板

单击"色板"面板中的"菜单"按钮，在弹出的菜单中选择"新建颜色色板"选项，或在按住Alt+Ctrl组合键的同时单击"色板"面板底部的"新建色板"按钮，在弹出"新建颜色色板"对话框中设置参数，如图4-51所示。

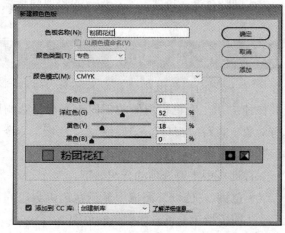

图 4-51

3.新建色调色板

新建色调色板有两种方法。

● 在"色板"面板中，选择一个颜色色板，拖动"色调"框旁边的箭头 按钮，调整数值，然后单击面板底部的"新建色板"按钮即可创建色调色板，如图4-52和图4-53所示。

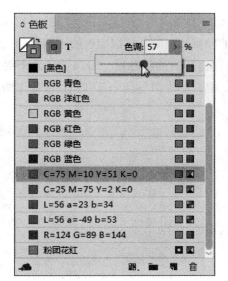

图 4-52 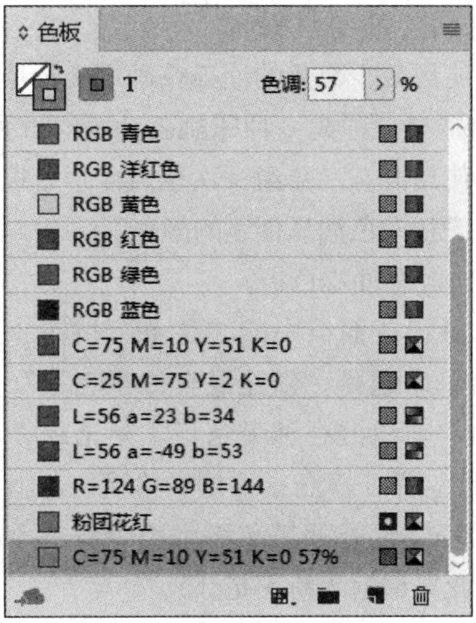   图 4-53

● 在"色板"面板中，选择一个颜色色板，单击"色板"面板中的"菜单"按钮，在弹出的菜单中选择"新建色调色板"选项，弹出"新建色调色板"对话框，如图4-54所示，从中设置即可。

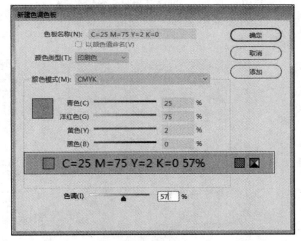

图 4-54

4. 新建渐变色板

单击"色板"面板中的"菜单"按钮，在弹出的菜单中选择"新建渐变色板"选项，弹出"新建渐变色板"对话框，如图4-55所示，从中设置即可。

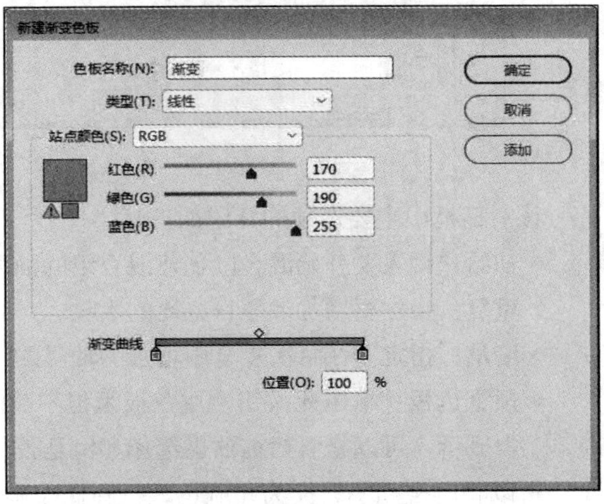

图 4-55

5. 新建混合油墨色板

当需要使用最少数量的油墨获得最大数量的印刷颜色时，可以通过混合两种专色油墨或将一种专色油墨与一种或多种印刷色油墨混合来创建新的油墨色板。可以创建单个混合油墨色板，也可以使用混合油墨组一次生成多个色板。混合油墨组包含一系列由百分比不断递增的不同印刷色油墨和专色油墨创建的颜色。

（1）新建混合油墨色板。

单击"色板"面板中的"菜单"按钮，在弹出的菜单中选择"新建混合油墨色板"选项，弹出"新建混合油墨色板"对话框，如图4-56所示。单击颜色前面的方格按钮，出现油墨图标，混合油墨色板中至少有一个专色色板（此对话框为粉团花红）。

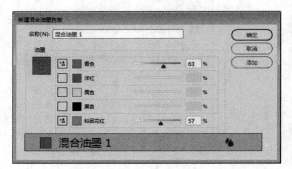

图 4-56

（2）新建混合油墨组。

单击"色板"面板中的"菜单"按钮，在弹出的菜单中选择"新建混合油墨组"选项，弹出"新建混合油墨组"对话框，如图4-57所示。

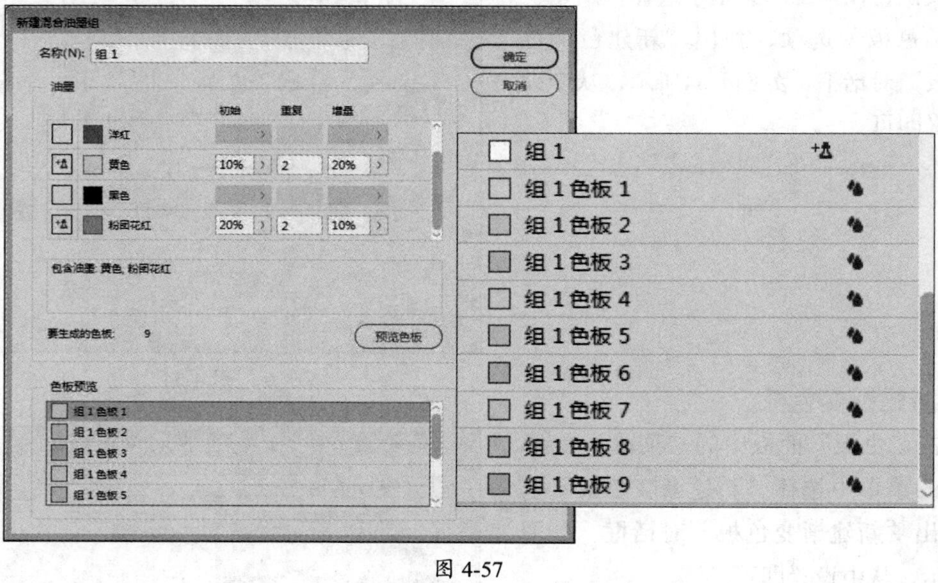

图 4-57

该对话框中主要选项的介绍如下。

● **初始**：输入要开始混合以创建混合组的油墨百分比。

● **重复**：指定要增加油墨百分比的次数。

● **增量**：指定要在每次重复中增加的油墨的百分比。

● **预览色板**：单击此按钮生成色板组但不关闭对话框，新的色板组将在"色板预览"区域中显示，可以查看当前油墨选择和值是否可以生成所需效果。

可以将混合油墨转换为印刷色，以降低印刷成本。将混合油墨组的父级转换为印刷色后，父级色板将消失，并且混合油墨组中的其他色板也将转换为印刷色。双击要转换的混合油墨色板，弹出"色板选项"对话框，如图4-58所示，将"颜色类型"设置为"印刷色"即可。

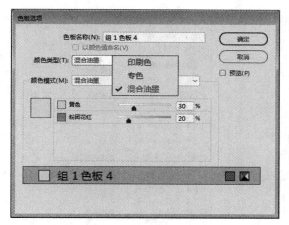

图 4-58

若将混合油墨组中所有的混合油墨色板转换为印刷色，只需双击混合油墨组的父级 ，在弹出的"混合油墨组选项"对话框中勾选"将混合油墨色板转换为印刷色"复选框，单击"确定"按钮即可，如图4-59和图4-60所示。

图 4-59   图 4-60

■ 4.2.2　复制与删除色板

若要新建比现有颜色更暖或更冷的色板时，可以先复制色板再进行修改。在复制专色时会生成额外的专色印版。

复制色板，可使用以下任一操作。

● 选择一个色板，单击"色板"面板中的"菜单"按钮，在弹出的菜单中选择"复制色板"选项。

● 选择一个色板，右击鼠标，在弹出的菜单中选择"复制色板"选项，如图4-61和图4-62所示。

● 选择一个色板，单击"色板"面板底部的"新建色板"按钮。

● 将一个色板拖动到"色板"面板底部的"新建色板"按钮上。

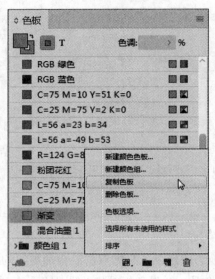

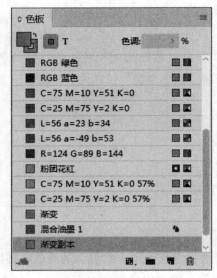

图 4-61   图 4-62

若要删除色板，可使用以下任一操作。

● 选择一个色板，单击"色板"面板中的"菜单"按钮，在弹出的菜单中选择"删除色板"选项。

● 选择一个色板，右击鼠标，在弹出的菜单中选择"删除色板"选项。

● 选择一个色板，单击"色板"面板底部的"删除选定的色板/组"按钮。

● 将一个色板拖动到"色板"面板底部的"删除选定的色板/组"按钮上。

■ 4.2.3 载入色板

从其他文档（如indd、indt、ai、eps等）载入颜色和渐变，可以将所有或部分色板添加到"色板"面板中。单击"色板"面板中的"菜单"按钮，在弹出的菜单中选择"载入色板"选项，在弹出的"打开文件"对话框中选择要载入的文件，单击"打开"按钮即可。

4.3 "效果"面板

默认情况下，在InDesign中创建的对象显示为实底状态，即不透明度为100%，可以将"效果"应用于不透明度和混合模式的对象。执行"窗口"→"效果"命令，弹出"效果"面板，如图4-63所示。

图 4-63

该面板中主要选项的介绍如下。

● **混合模式**：设置透明对象中的颜色如何与其下面的对象相互作用。

● **不透明度**：设置对象、描边、填色或文本的不透明度。

● **级别**：用于显示对象的效果设置情况。单击对象（组或图形）左侧的三角形，可以隐藏或显示这些级别设置。在为某级别应用透明度设置后，该级别上会显示 *fx* 图标，可以双击该 *fx* 图标编辑这些设置。

● **分离混合**：将混合模式应用于选定的对象组。

● **挖空组**：使组中每个对象的不透明度和混合属性挖空或遮蔽组中的底层对象。

● **清除全部** ☑：清除对象（描边、填色或文本）的效果，将混合模式设置为"正常"，并将整个对象的不透明度设置为100%。

● **向选定的目标添加对象效果** *fx*：单击该按钮，显示透明效果列表。

4.4 应用效果

单击"效果"面板中的"菜单"按钮，在弹出的菜单中选择"效果"选项，将打开"效果"对话框，如图4-64所示。

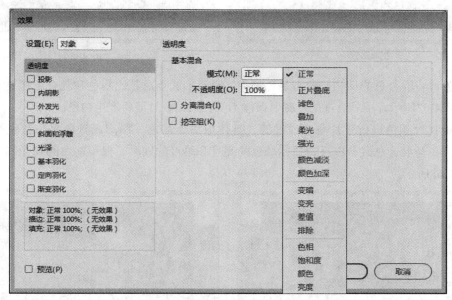

图 4-64

在"设置"下拉列表中有5个选项，具体介绍如下。

● **对象**：影响整个对象（包括其描边、填色和文本）。

● **组**：影响组中的所有对象和文本。可以使用"直接选择工具"将效果应用于组中的对象。

● **描边**：仅影响对象的描边（包括其间隙颜色）。

● **填色**：仅影响对象的填色。

● **文本**：仅影响对象中的文本而不影响文本框架。应用于文本的效果将影响对象中的所有文本，不能将效果应用于个别单词或字母。

■ 4.4.1　透明度

在"透明度"区域中，可以指定对象的不透明度和与其下方对象的混合方式，既可以选择对特定对象执行分离混合，也可以选择让对象挖空某个组中的对象，而不是与之混合。

1. 混合模式

在"混合模式"下拉列表框中有16种模式可供选择。

- **正常**：在不与基色相作用的情况下，可采用混合色为选区着色。此模式为默认模式，如图4-65所示。
- **正片叠底**：将基色与混合色相乘，得到的颜色总是比基色和混合色都要暗一些，如图4-66所示。任何颜色与黑色正片叠底产生黑色，任何颜色与白色正片叠底保持不变。

图 4-65　　　　　　　　　　　　　　　图 4-66

- **滤色**：将混合色的反相颜色与基色相乘，得到的颜色总是比基色和混合色都要亮一些，如图4-67所示。用黑色过滤时颜色保持不变，用白色过滤将产生白色。
- **叠加**：对颜色进行正片叠底或过滤，具体取决于基色。图案或颜色叠加在现有的图稿上，在与混合色混合以反映原始颜色的亮度和暗度的同时，保留基色的高光和阴影，如图4-68所示。

图 4-67　　　　　　　　　　　　　　　图 4-68

- **柔光**：使颜色变暗或变亮，具体取决于混合色，如图4-69所示。
- **强光**：对颜色进行正片叠底或过滤，具体取决于混合色，如图4-70所示。

图 4-69   图 4-70

- **颜色减淡**：加亮基色以反映混合色，如图4-71所示。与黑色混合则不发生变化。
- **颜色加深**：加深基色以反映混合色，如图4-72所示。与白色混合后不产生变化。

图 4-71   图 4-72

- **变暗**：选择基色或混合色中较暗的一个作为结果色，比混合色亮的区域将被替换，而比混合色暗的区域保持不变，如图4-73所示。
- **变亮**：选择基色或混合色中较亮的一个作为结果色，比混合色暗的区域将被替换，而比混合色亮的区域保持不变，如图4-74所示。

图 4-73   图 4-74

- **差值**：从基色减去混合色或从混合色减去基色，具体取决于哪一种的亮度值较大，如图4-75所示。与白色混合将反转基色值，与黑色混合则不产生变化。
- **排除**：创建类似于差值模式的效果，但是对比度比插值模式低，如图4-76所示。与白色混合将反转基色分量，与黑色混合则不发生变化。

图 4-75

图 4-76

- **色相**：用基色的亮度和饱和度与混合色的色相创建颜色，如图4-77所示。
- **饱和度**：用基色的亮度和色相与混合色的饱和度创建颜色，如图4-78所示。此模式在没有饱和度（灰色）的区域中上色，将不会产生变化。

图 4-77

图 4-78

- **颜色**：用基色的亮度与混合色的色相和饱和度创建颜色，如图4-79所示。它可以保留图稿的灰阶，对于给单色图稿上色和给彩色图稿着色都非常有用。
- **亮度**：用基色的色相及饱和度与混合色的亮度创建颜色。此模式会创建出与"颜色"模式相反的效果，如图4-80所示。

图 4-79

图 4-80

2. 不透明度

默认情况下，创建对象或描边、应用填色或输入文本时，这些项目均显示为实底状态，即不透明度为100%。在"不透明度"后面的文本框中可以直接输入数值，也可以单击文本框旁边的箭头按钮调整数值。图4-81是不透明度为100%的效果，图4-82是不透明度为50%的效果。

图 4-81

图 4-82

3. 分离混合

在对象上应用混合模式时，其颜色会与它下面的所有对象混合。若将混合范围限制于特定对象，可以先对目标对象进行编组，然后对该组应用"分离混合"，如图4-83和图4-84所示。

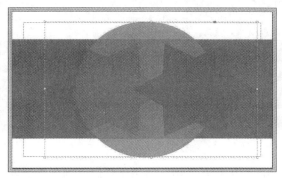

图 4-83

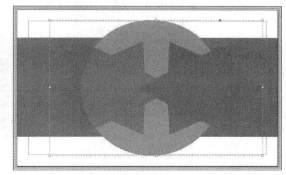

图 4-84

4. 挖空组

让选定组中每个对象的不透明度和混合属性挖空（即在视觉上遮蔽）组中的底层对象。只有选定组中的对象才会被挖空。选定组下面的对象将会受到应用于该组中对象的混合模式或不透明度的影响，如图4-85和图4-86所示。

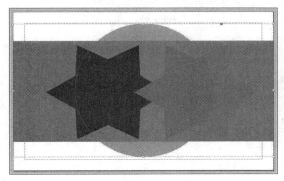

图 4-85

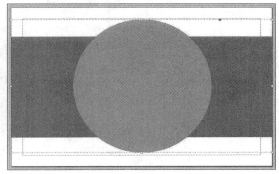

图 4-86

! **提示**：混合模式应用于单个对象，而"分离混合"与"挖空组"选项则应用于组。

■ 4.4.2 投影

使用投影可以创建三维阴影，也可以让投影沿x轴或y轴偏离，还可以改变混合模式、颜色、不透明度、距离、角度和投影的大小，以增强空间感和层次感。

选择目标对象，单击 *fx* 按钮，在弹出的菜单中选择"投影"选项，将打开"效果"对话框，如图4-87所示。

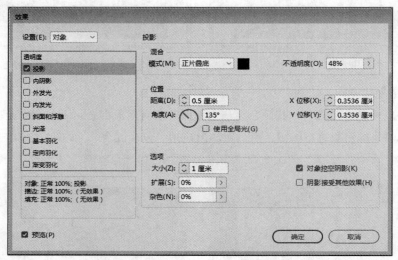

图 4-87

该对话框中主要选项的介绍如下。

- **模式**：设置透明对象中的颜色如何与其下面的对象相互作用，适用于投影、内阴影、外发光、内发光和光泽效果。
- **设置投影颜色**：单击■按钮，在弹出的"效果颜色"对话框中可设置投影的颜色，如图4-88所示。在该对话框中可以选择已有的色板颜色，也可以在"颜色"下拉列表框中设置其他颜色模式，并调整其颜色参数。

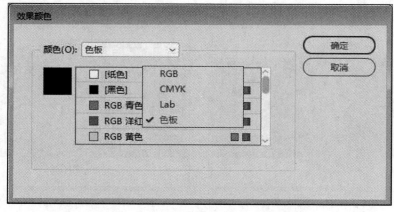

图 4-88

- **距离**：设置投影、内投影或光泽的位移效果。
- **角度**：设置应用光源效果的光源角度，0°为底边，90°为对象正上方。
- **使用全局光**：将全局光设置应用于投影。
- **大小**：设置投影或发光应用的量。
- **扩展**：确定"大小"选项所设定的投影或发光效果中模糊的透明度。
- **杂色**：设置在指定数值或拖移滑块时发光不透明度或投影不透明度中随机元素的数量。
- **对象挖空阴影**：对象显示在它所投射阴影的前面。
- **阴影接受其他效果**：投影中包含其他透明效果。例如，如果对象的一侧被羽化，则可以使阴影忽略羽化，以便阴影不会淡出，或者使阴影看上去已经羽化，就像对象被羽化一样。

图4-89和图4-90为应用"投影"效果前后的不同效果图。

图 4-89   图 4-90

■ 4.4.3 内阴影

使用内阴影效果可将阴影置于对象内部，给人以对象凹陷的感觉。可以让内阴影沿不同轴偏离，并可以改变混合模式、不透明度、距离、角度、大小、杂色和阴影的收缩量等。

选择目标对象，单击 *fx* 按钮，在弹出的菜单中选择"内阴影"选项，将打开"效果"对话框，如图4-91所示，从中设置即可。

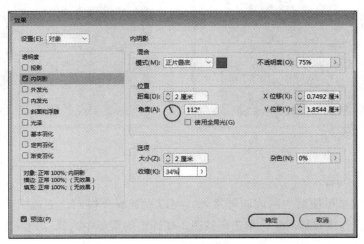

图 4-91

图4-92和图4-93为应用"内阴影"效果前后的不同效果图。

图 4-92　　　　　　　　　　　图 4-93

■ 4.4.4　外发光

使用外发光效果可使光从对象下面发射出来。可以设置混合模式、不透明度、方法、杂色、大小和扩展。

选择目标对象，单击 fx 按钮，在弹出的菜单中选择"外发光"选项，将打开"效果"对话框，如图4-94所示。在对话框中可以在"方法"下拉框中选择外发光的过渡方式："柔和"与"精确"。

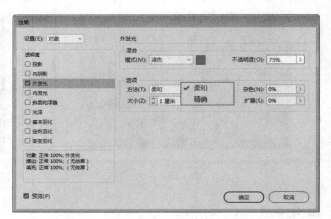

图 4-94

图4-95和图4-96为应用"外发光"效果前后的不同效果图。

 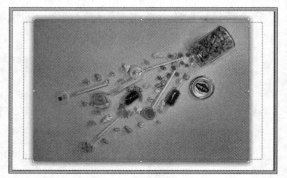

图 4-95　　　　　　　　　　　图 4-96

■ 4.4.5　内发光

使用内发光效果可使对象从内向外发光。可以设置混合模式、不透明度、方法、大小、杂色、收缩和源。选择目标对象，单击 fx 按钮，在弹出的菜单中选择"内发光"选项，将打开"效果"对话框，如图4-97所示，从中设置即可。

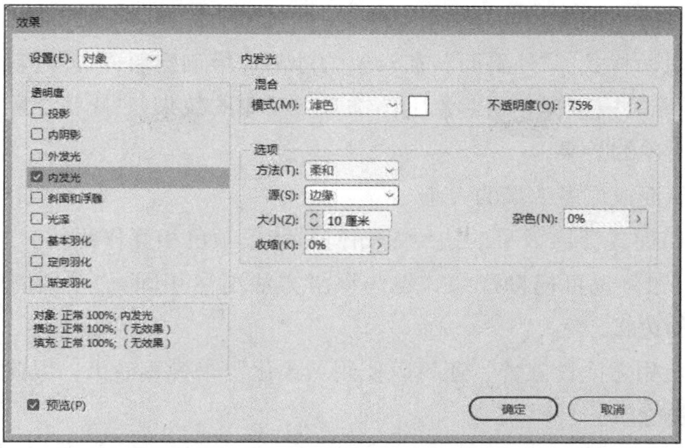

图 4-97

图4-98和图4-99为应用"内发光"效果前后的不同效果图。

图 4-98　　　　　　　　　　　　　图 4-99

■ 4.4.6　斜面和浮雕

使用斜面和浮雕效果可以为对象添加高光和阴影，使其产生立体的浮雕效果。选择目标对象，单击 fx 按钮，在弹出的菜单中选择"斜面和浮雕"选项，将打开"效果"对话框，如图4-100所示，可在其中的"结构"区域中设置样式、大小、方法等参数。

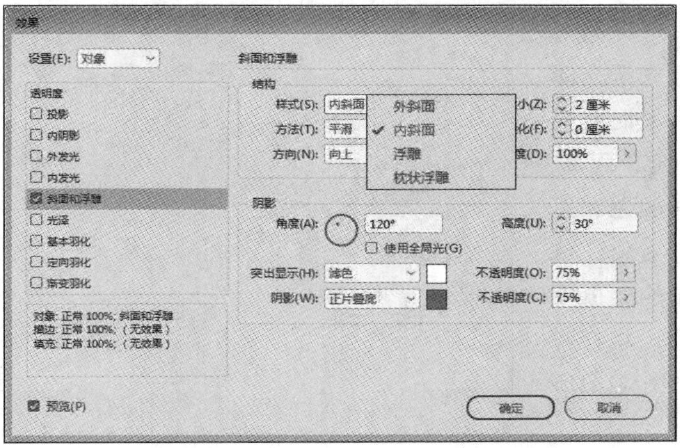

图 4-100

该对话框中主要选项的介绍如下。

- **样式**：指定斜面样式。"外斜面"在对象的外部边缘创建斜面，"内斜面"在内部边缘创建斜面，"浮雕"模拟在底层对象上凸饰另一对象的效果，"枕状浮雕"模拟将对象的边缘压入底层对象的效果。

- **大小**：确定斜面或浮雕效果的大小。

- **方法**：确定斜面或浮雕效果的边缘是如何与背景颜色相互作用的。"平滑"稍微模糊边缘；"雕刻柔和"也可模糊边缘，但与平滑方法不尽相同；"雕刻清晰"可以保留更清晰、更明显的边缘。

- **柔化**：除了使用方法设置外，还可以使用"柔化"来模糊效果，以此减少不必要的人工效果和粗糙边缘。

- **方向**：通过选择"向上"或"向下"，可将效果显示的位置上下移动。

- **深度**：指定斜面或浮雕效果的深度。

- **高度**：设置光源的高度。

- **使用全局光**：应用全局光源，它是为所有透明效果指定的光源。选择此选项将覆盖任何角度和高度设置。

图4-101和图4-102为应用"斜面和浮雕"效果前后的不同效果图。

图 4-101

图 4-102

■ 4.4.7　光泽

使用光泽效果可以为对象添加具有流畅且光滑光泽的内阴影。可以设置混合模式、不透明度、角度、距离、大小以及是否反转颜色和不透明度。选择目标对象，单击 *fx* 按钮，在弹出的菜单中选择"光泽"选项，将打开"效果"对话框，如图4-103所示，从中设置即可。

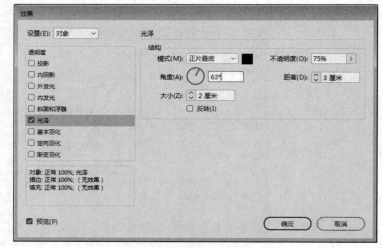

图 4-103

图4-104和图4-105为应用"光泽"效果前后的不同效果图。

图 4-104　　　　　　　　　　　　　　　　图 4-105

■ 4.4.8　基本羽化

使用基本羽化效果可按照指定的距离柔化（渐隐）对象的边缘。选择目标对象，单击 *fx* 按钮，在弹出的菜单中选择"基本羽化"选项，将打开"效果"对话框，如图4-106所示。

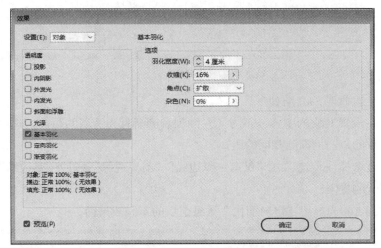

图 4-106

该对话框中各选项的介绍如下。

- **羽化宽度**：用于设置对象从不透明渐隐为透明需要经过的距离。
- **收缩**：与羽化宽度一起设置，用于确定将发光柔化为不透明和透明的程度。设置的值越大，不透明度越高；设置的值越小，透明度越高。
- **角点**：在其下拉列表框中有3种形式可供选择。

  锐化：沿形状的外边缘（包括尖角）渐变。此选项适合于星形对象，以及对矩形应用特殊效果。

  圆角：按羽化半径修成圆角。实际上，形状先内陷，然后向外隆起，形成两个轮廓。此选项应用于矩形时可取得较好的效果。

  扩散：使对象边缘从不透明渐隐为透明。

- **杂色**：指定柔化发光中随机元素的数量。使用此选项可以柔化发光。

■ 4.4.9　定向羽化

使用定向羽化效果可使对象的边缘沿指定的方向渐隐为透明，从而实现边缘柔化。例如，可以将羽化应用于对象的上方和下方，而不是左侧或右侧。

选择目标对象，单击 *fx* 按钮，在弹出的菜单中选择"定向羽化"选项，将打开"效果"对话框，如图4-107所示。

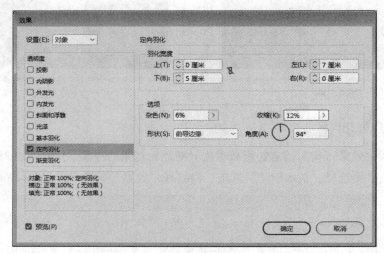

图 4-107

该对话框中主要选项的介绍如下。

- **羽化宽度：**设置对象的上方、下方、左侧和右侧渐隐为透明的距离。选中"锁定"选项可以将对象的每一侧渐隐相同的距离。
- **形状：**通过选择一个选项（"仅第一个边缘""前导边缘"或"所有边缘"）可以确定对象原始形状的界限。

图4-108和图4-109为应用"定向羽化"效果前后的不同效果图。

图 4-108

图 4-109

■ 4.4.10　渐变羽化

使用渐变羽化效果可以使对象所在区域渐隐为透明，从而实现此区域的柔化。选择目标对象，单击 *fx* 按钮，在弹出的菜单中选择"渐变羽化"选项，将打开"效果"对话框，如图4-110所示。

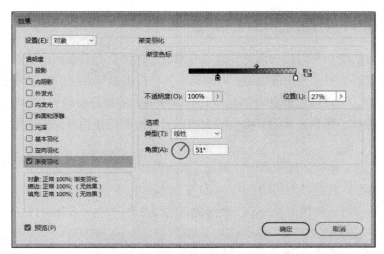

图 4-110

该对话框中各选项的介绍如下。

● **渐变色标**：为每个要用于对象的透明度渐变创建一个渐变色标。要创建渐变色标，可在渐变滑块下方单击（将渐变色标拖离滑块可以删除色标）；要调整色标的位置，可将其向左或向右拖动，或者先选定它，然后拖动位置滑块；要调整两个不透明度色标之间的中点，可拖动渐变滑块上方的菱形。菱形的位置决定了色标之间过渡的剧烈或渐进程度。

● **反向渐变**：单击此按钮，可以反转渐变的方向。

● **不透明度**：指定渐变点之间的透明度。

● **位置**：调整渐变色标的位置。用于在拖动滑块或输入值之前选择渐变色标。

● **类型**："线性"表示以直线方式从起始渐变点渐变到结束渐变点，"径向"表示以环绕方式的起始点渐变到结束点。

● **角度**：对于线性渐变，用于确定渐变线的角度。

图4-111和图4-112为应用"渐变羽化"效果前后的不同效果图。

图 4-111

图 4-112

经验之谈 设计中配色的注意事项

在设计中，好的配色可以使画面更加醒目与舒服。例如，在食品商品的设计中多使用暖色系，夏天的清凉饮料则更多使用蓝色系。要根据图片、广告语等表现的重点信息决定配色。

当内容过多时，可以通过颜色对部分信息加以强调，一般应将颜色控制在3~4种，由基调色的同色系颜色构成。色彩浓重的部分或较大的色彩部分可以使用纤细的字体进行搭配，吸引受众视线。

- 基调色（主色，即使用面积最大的颜色，形成整体印象）占70%。
- 辅助色（副色，起到补充基调色的作用）占25%。
- 点缀色（重点色，使用面积最小、最为醒目的颜色）占5%，如图4-113所示。

图 4-113

在进行色彩搭配时，首先要确定需要"体现统一感的配色"还是"体现变化感的配色"，然后再挑选相应的配色。要注意统一每种颜色的色调，饱和度高的需搭配同饱和度的颜色，亮度和饱和度弱的颜色可选择浅灰色系色调，以确保不影响整体的统一性和可视性，如图4-114所示。

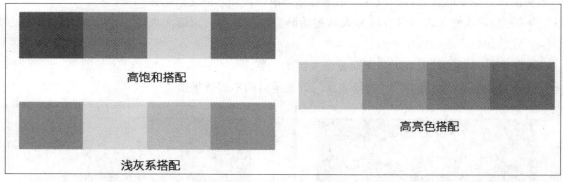

图 4-114

当颜色和文字进行搭配时，文字的颜色与背景颜色不宜过于接近或反差过大，以免影响文字的可读性，如图4-115所示。

图 4-115

上手实操

实操一：制作对折式邀请函

制作对折式邀请函，如图4-116和图4-117所示。

图 4-116

图 4-117

设计要领

● 创建两个A4页面，两个垂直栏。

● 将案例文件中的素材复制到新文档里并进行摆放。

实操二：制作包装盒

制作包装盒，尺寸为300 mm×245 mm，如图4-118所示。

图 4-118

设计要领

● 计算好六个面的尺寸，使用"矩形工具"绘制。

● 置入文字和素材图像，添加投影、外发光效果。

● 绘制整体折叠的描边虚线。

第5章
文本与段落

内容概要

本章主要介绍InDesign中文本与段落的处理。文字是版面设计中的核心部分之一。各种文字工具的使用、"字符"与"段落"面板的应用，灵活地对页面中的文本进行设置和排版都影响着整个版面的编排效果。

知识要点

- 文字与文本框架的设置。
- 框架网格文字。
- 文本格式的设置。
- 串接文本。
- 脚注与其他字符的插入。

数字资源

【本章案例素材来源】："素材文件\第5章"目录下

【本章案例最终文件】："素材文件\第5章\案例精讲\制作书籍内页.indd"

案例精讲 制作书籍内页

案 / 例 / 描 / 述

本案例主要讲解如何制作书籍内页。本次设计的是每章的首页,主要内容包括书名、章标题、效果图、本章概述、学习目标和课时安排,用简单的几何图形来搭配。

扫码观看视频

在实操中主要用到的知识点有新建文档、置入图像、锁定图层、矩形工具、文字工具、字符面板、直线工具等。

案 / 例 / 详 / 解

下面将对案例的制作过程进行详细讲解。

图 5-1

步骤 01 执行"文件"→"新建"→"文档"命令,在弹出的"新建文档"对话框中设置参数,如图5-1所示,单击"边距和分栏"按钮。

步骤 02 在弹出的"新建边距和分栏"对话框中设置参数,如图5-2所示。

图 5-2

步骤 03 选择"矩形工具",在页面上单击,在弹出的"矩形"对话框中设置参数,如图5-3所示。

步骤 04 双击工具箱中的"填色"按钮,在弹出的"拾色器"对话框中设置参数,如图5-4所示。

图 5-3

图 5-4

步骤 05 效果如图5-5所示。

步骤 06 选择"矩形工具"，绘制矩形，如图5-6所示。

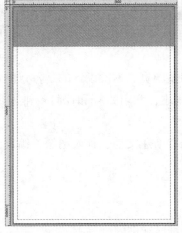

图 5-5　　　　　　图 5-6

步骤 07 单击黄色控制点，按住Shift键调整左下和右下控制点，如图5-7所示。

步骤 08 按住Shift键等比例缩放并调整至合适位置，如图5-8所示。

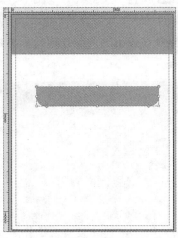

图 5-7　　　　　　图 5-8

步骤 09 选择"矩形工具"，绘制矩形并填充颜色，如图5-9所示。

步骤 10 执行"窗口"→"图层"命令，在弹出的"图层"面板中锁定矩形图层，如图5-10所示。

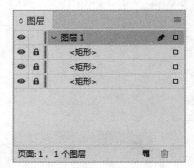

图 5-9　　　　　　图 5-10

步骤 **11** 选择"文字工具",绘制文本框并输入文字,如图5-11所示。

步骤 **12** 执行"窗口"→"文字和表"→"字符"命令,在弹出的"字符"面板中设置参数,如图5-12所示。

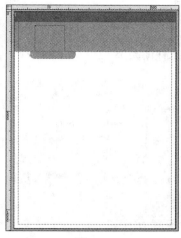

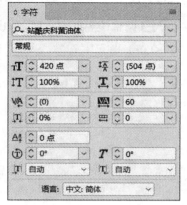

图 5-11   图 5-12

步骤 **13** 选择"文字工具",选中文字,双击工具箱中的"填色"图标,在弹出的"拾色器"中设置颜色为白色,如图5-13所示。

步骤 **14** 选择"直排文字工具",输入文字并设置参数,如图5-14所示。

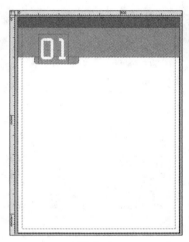

图 5-13   图 5-14

步骤 **15** 选择"文字工具",输入文字并设置参数,如图5-15所示。

步骤 **16** 选择"文字工具",输入文字并设置参数,如图5-16所示。

图 5-15   图 5-16

Adobe InDesign CC版式设计与制作

步骤 **17** 在"图层"面板中单击解锁最上层的"矩形"图层，如图5-17所示。

步骤 **18** 调整该矩形的高度，如图5-18所示。

图 5-18

图 5-17

步骤 **19** 选择"文字工具"，输入文字并设置参数，如图5-19所示。

步骤 **20** 选择"直线工具"，按住Shift键绘制直线，在控制面板中设置参数，如图5-20所示。

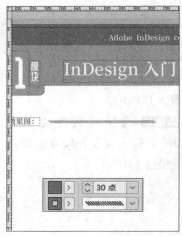

图 5-19

图 5-20

步骤 **21** 执行"文件"→"置入"命令，置入素材文件"1.jpg"，如图5-21所示。

步骤 **22** 选择"矩形工具"，绘制矩形，在"图层"面板中调整位置，如图5-22所示。

图 5-21

图 5-22

· 102 ·

步骤 **23** 选中"本章任务效果图"图层和"右斜线"图层，按住Alt键水平向下复制，如图5-23所示。

步骤 **24** 更改文字和斜线长度，按住Alt键水平向右复制并更改文字，如图5-24所示。

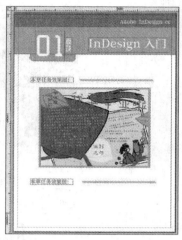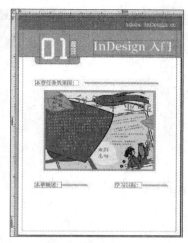

图 5-23　　　　　　　　　　　图 5-24

步骤 **25** 选择"文字工具"，创建文本框并输入文字，如图5-25所示。

步骤 **26** 选择"矩形工具"，绘制矩形，如图5-26所示。

图 5-25　　　　　　　　　　　图 5-26

步骤 **27** 选择"文字工具"，创建文本框并输入文字，如5-27所示。

步骤 **28** 选择"矩形工具"，绘制矩形，并单击黄色控制点，按住Shift键调整左上和左下控制点，填充白色，如图5-28所示。

图 5-27　　　　　　　　　　　图 5-28

步骤 29 选择"文字工具",创建文本框并输入文字,如图5-29所示。

图 5-29

步骤 30 最终效果如图5-30所示。

图 5-30

至此,完成书籍内页的制作。

边用边学

5.1 文字工具组

文字是构成书籍版面的核心元素。由于文字字体的视觉差别，产生了多种不同的表现手法和形象，但都要先通过文字工具的框架把文字放置到版面中。

长按或右击"文字工具"，展开其工具组，如图5-31所示。

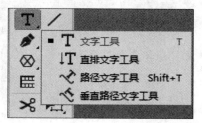

图 5-31

■ 5.1.1 文字工具

选择"文字工具" **T**，按住鼠标左键拖动出文本框，在文本框中输入文字即可，如图5-32和图5-33所示。

图 5-32

图 5-33

> ❗ **提示**：在InDesign中，若要创建文字，必须先使用"文字工具"在页面上拖动出一个文本框，在文本框中创建文字。直接在页面中不能创建文字。

"直排文字工具" **↓T** 和"文字工具"的使用方法一样，区别为"直排文字工具"输入的文字是由右向左、垂直排列，如图5-34和图5-35所示。

图 5-34

图 5-35

■ 5.1.2　路径文字工具

路径文字是指沿着开放或封闭的路径排列的文字。使用"钢笔工具"创建一条路径，选择"路径文字工具" ，将光标置于路径上，单击后即可输入文字，如图5-36和图5-37所示。

图 5-36　　　　　　　　　　　　　　　　图 5-37

"垂直路径文字工具" 和"路径文字工具"的使用方法一样，区别为文字方向为直排，如图5-38和图5-39所示。

图 5-38　　　　　　　　　　　　　　　　图 5-39

双击"垂直路径文字工具" ，弹出"路径文字选项"对话框，如图5-40所示。

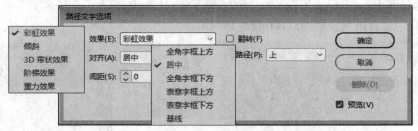

图 5-40

该对话框中主要选项的介绍如下。

● **效果**：在该下拉列表中可选择对路径应用的效果，包括"彩虹效果""倾斜""3D带状效果""阶梯效果"和"重力效果"。图5-41和图5-42分别为应用"彩虹效果"和"阶梯效果"后的效果图。

图 5-41    图 5-42

- **翻转**：勾选此复选框可翻转路径文字。
- **对齐**：指定文字与路径的对齐方式。
- **到路径**：指定文字相对于路径描边的对齐位置。
- **间距**：控制路径上位于尖锐曲线或锐角上的字符间的距离。

5.2 文本框架的设置

　　使用"文本框架选项"对话框可以更改如框架中的栏数、框架内文本的垂直对齐方式、或内边距（文本边缘和框架边缘之间的边距距离）等设置。

■ 5.2.1 "常规"设置

　　选择"文字工具" **T**，按住鼠标左键拖动，绘制出文本框，在文本框中输入文本，执行"对象"→"文本框架选项"命令，弹出"文本框架选项"对话框，如图5-43所示。

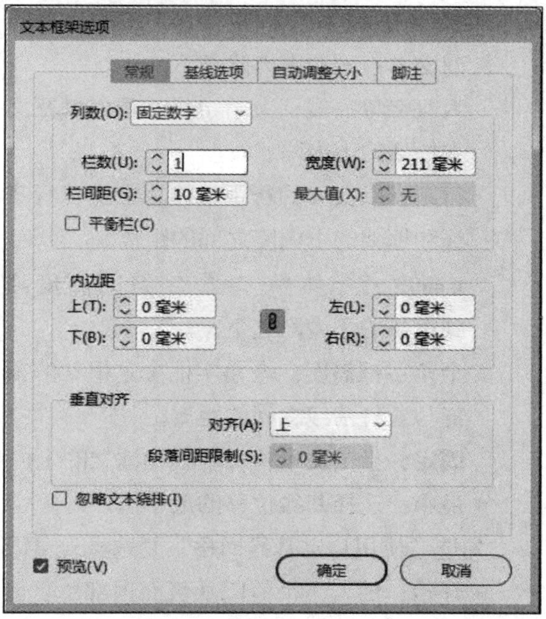

图 5-43

该对话框中主要选项的介绍如下。

- **列数**：在下拉列表中可选择"固定数字""固定宽度"和"弹性宽度"3种方式。
- **栏数**：设置文本框架的栏数。
- **栏间距**：设置文本框架中每栏之间的间距。
- **宽度**：在该列表框中输入数值可更改文本框架的宽度。
- **最大值**：设置"列数"为"弹性宽度"，可在此设置栏的最大值。

- **平衡栏：** 勾选该复选框，可以将多栏文本框架底部的文本均匀分布。
- **内边距：** 在该选项组中，可以在"上""左""下""右"四个框中输入数值，设置内边距的大小。单击"将所有设置设为相同"⬛按钮，可为所有边设置相同的边距。
- **对齐：** 在列表框中可选择对齐方式，分别为"上""居中""下""两端对齐"。
- **段落间距限制：** 设置最多可加宽到的值。如果文本框仍未填满框架，则会调整行间距，直到框架填满为止。
- **忽略文本绕排：** 勾选该复选框，文本将不会绕排在图像周围。

■ 5.2.2 "基线选项"设置

若要更改所选文本框架的首行基线选项，执行"对象"→"文本框架选项"命令，在弹出的"文本框架选项"对话框中单击"基线选项"选项卡，如图5-44所示。

该对话框中各选项的介绍如下。

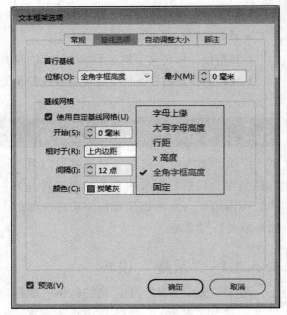

图 5-44

- **位移：** 在该下拉列表框中有以下6种位移方法。

  字母上缘： 字体中"d"字符的高度降到文本框架的上内陷之下。

  大写字母高度： 大写字母的顶部触及文本框架的上内陷。

  行距： 以文本的行距值作为文本首行基线和框架的上内陷之间的距离。

  x高度： 字体中"x"字符的高度降到框架的上内陷之下。

  全角字框高度： 全角字框决定框架的顶部与首行基线之间的距离。

  固定： 指定文本首行基线和框架的上内陷之间的距离。

- **最小：** 选择基线位移的最小值。

  勾选"使用自定基线网格"复选框，可以设置以下参数。

- **开始：** 键入一个值以从页面顶部、页面的上边距、框架顶部或框架的上内陷（取决于从"相对于"菜单中选择的内容）移动网格。
- **相对于：** 指定基线网格是相对于页面顶部、页面的上边距、文本框架的顶部，还是文本框架的上内陷开始。
- **间隔：** 键入一个值作为网格线之间的间距。在大多数情况下，键入等于正文文本行距的值，以便文本行能恰好对齐网格。
- **颜色：** 为网格线选择一种颜色，或选择"图层颜色"，以便与显示文本框架的图层使用相同的颜色。

■ 5.2.3 "自动调整大小"设置

若要在添加、删除或编辑文本时自动调整文本框架的大小，以匹配文本内容的范围大小，可以执行"对象"→"文本框架选项"命令，在弹出的"文本框架选项"对话框中单击"自动调整大小"选项卡设置参数，如图5-45所示。

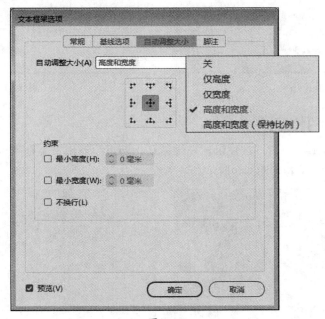

图 5-45

该对话框中主要选项的介绍如下。

- **自动调整大小：** 在该下拉列表框中有多种选项。"关"表示不进行框架的自动调整（默认选项）。选择"仅高度""仅宽度""高度和宽度"和"高度和宽度（保持比例）"，可以按照所选的内容框架进行调整。
- **约束：** "最小高度"用于设置文本框的固定高度，"最小宽度"用于设置文本框的固定宽度。启用该选项则不可手动调整文本框大小。

5.3 框架网格文字

由于汉字的特点，在排版软件中设置了网格工具，使用"水平网格工具"与"垂直网格工具"可以创建框架网格，能够很方便地确定字符的大小与其内间距，其使用方法和文本工具大体相同。

■ 5.3.1 水平网格工具

选择"水平网格工具"，按住鼠标左键拖动，即可绘制出文本框架，然后可使用"文字工具"输入文字，如图5-46和图5-47所示。

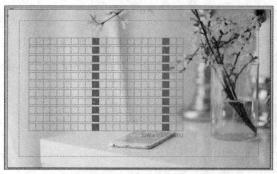

图 5-46

图 5-47

■ 5.3.2 垂直网格工具

选择"垂直网格工具" █，按住鼠标左键拖动，即可绘制出文本框架，然后可使用"文字工具"输入文字，如图5-48和图5-49所示。

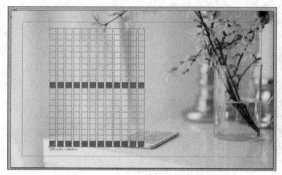

图 5-48

图 5-49

❗ **提示**：使用网格工具的同时按住Shift键可以创建出正方形框架。

■ 5.3.3 设置框架网格属性

选择要修改属性的框架，双击网格工具，或执行"对象"→"框架网格选项"命令，弹出"框架网格"对话框，如图5-50所示。

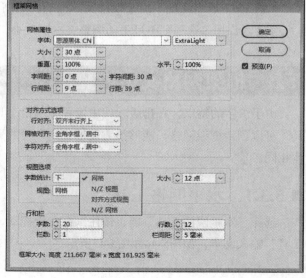

图 5-50

该对话框中主要选项的介绍如下。

● **字体：** 选择字体系列和字体样式。

● **大小：** 文字的大小。此值将作为网格单元格的大小。

● **垂直、水平：** 以百分比形式为全角亚洲字符设定网格缩放。

● **字间距：** 设置框架网格中单元格之间的间距。此值将作为网格间距。

● **行间距：** 设置框架网格中行之间的间距，是指从首行中网格的底部（或左边）到下一行中网格的顶部（或右边）的距离。直接更改文本的行间距值，网格对齐方式将向外扩展文本行，以便与最接近的网格行匹配。

● **行对齐：** 设置文本的行对齐方式。

● **网格对齐：** 设置文本是与全角字框、表意字框对齐，还是与罗马字基线对齐。

● **字符对齐：** 设置将同一行的小字符与大字符对齐的方法。

● **字数统计：** 设置框架网格尺寸和字数统计所显示的位置。

● **视图：** 指定框架的显示方式。"网格"将显示包含网格和行的框架网格，如图5-51所示。"N/Z视图"将框架网格方向显示为深蓝色的对角线，插入文本时并不显示这些线条，如图5-52所示。"对齐方式视图"将显示仅包含行的框架网格，如图5-53所示。"N/Z网格"的显示情况则为"N/Z视图"与"网格"的组合，如图5-54所示。

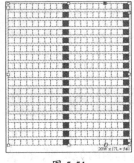
图 5-51

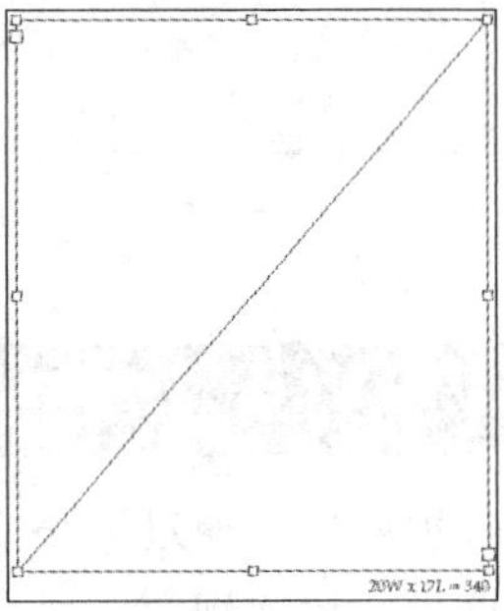

图 5-52

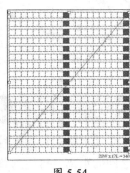
图 5-53

图 5-54

● **字数：** 指定一行中的字符数。

● **行数：** 指定一栏中的行数。

● **栏数：** 指定一个框架网格中的栏数。

● **栏间距：** 指定相邻栏之间的间距。

⚠ **提示：** 框架网格的字数一般显示在网格的底部，显示的是字符数、行数、单元格数和实际字符数的值。例如，图5-55所示为每行字符数为22、行数值为11、总单元格数为242、实际字符数为218。

图 5-55

Adobe InDesign CC版式设计与制作

■ 5.3.4 转换文本框架和框架网格

可以将文本框架转换为框架网格，也可以将框架网格转换为文本框架。通过框架类型之间的相互转换，可以将某些复杂的图形框架轻松地转换为文本框架，省去了编辑文本的麻烦。

1. 框架网格转换为文本框架

选中目标框架网格，执行"对象"→"框架类型"→"文本网格"命令，即可将框架网格转换为文本框架，如图5-56所示。

2. 文本框架转换为框架网格

选中目标文本框架，执行"对象"→"框架类型"→"框架网格"命令，即可将文本框架转换为框架网格，如图5-57所示。

图 5-56

图 5-57

5.4 设置文本格式

文本格式包括字号、字体、字间距、行距等各项属性。通过调整文字之间的距离、行与行之间的距离，可达到整体的美观。通过调整文本格式，可实现文字段落与构图的美观性，以满足排版需要。

■ 5.4.1 字符

在设计过程中可以根据需要设置文本的字体、颜色、行距、垂直缩放、水平缩放、对齐方式、缩进距离等各项参数。设置文字主要有两种方法。

1. 控制面板

选择"文字工具"，在控制面板中进行设置，如图5-58所示。

图 5-58

2. "字符"面板

执行"窗口"→"文字和表"→"字符"命令，弹出"字符"面板，如图5-59所示。

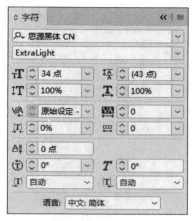

图 5-59

该面板中主要选项的介绍如下。

- **字体：** 在下拉列表中选择一种字体，即可将选中的字体应用到所选的文字中。
- **字体大小** ⊺：可以在下拉列表中选择合适的字体大小，也可以直接输入数值。
- **行距** 🄰：设置字符行与行之间的间距。
- **垂直缩放** ⊺：设置字体的垂直缩放百分比。
- **水平缩放** Ⅰ：设置字体的水平缩放百分比。
- **字偶间距** ⅥA：设置两个字符间的间距。
- **字符间距** 🄰：设置所选字符间的间距。
- **比例间距** ⊺：设置日语字符的比例间距。
- **网格指定格数** 🄰：直接为选定的文本设置占据的网格单元数。
- **设置基线偏移** A⅟：设置文字与文字基线之间的距离。
- **字符旋转** ⊺：设置字符的旋转角度。
- **倾斜（伪斜体）** 𝑇：设置整体或部分文字的倾斜角度。
- **字符前挤压间距** ⊺：以当前文本为基础，在字符前插入空白。
- **字符后挤压间距** ⊺：以当前文本为基础，在字符后插入空白。

■ 5.4.2 段落

设置段落属性是文字排版的基础工作，正文中的段首缩进、文本的对齐方式、标题的控制均需在段落文本设置中实现。设置段落主要有两种方法。

1. 控制面板

选择"文字工具"，在控制面板中单击▧按钮，将显示其设置选项，如图5-60所示。

图 5-60

2. "段落"面板

执行"窗口"→"文字和表"→"段落"命令，弹出"段落"面板，如图5-61所示。

图 5-61

该面板中主要选项的介绍如下。

- **左对齐**▤：文字左对齐，段落右端参差不齐。
- **居中对齐**▤：文字居中齐，段落两端参差不齐。
- **右对齐**▤：文字右对齐，段落左端参差不齐。
- **双齐末行齐左**▤：最后一行左对齐，其他行左右两端强制对齐。
- **双齐末行居中**▤：最后一行居中对齐，其他行左右两端强制对齐。
- **双齐末行齐右**▤：最后一行右对齐，其他行左右两端强制对齐。
- **全部强制对齐**▤：在字符间添加额外间距，使文本左右两端强制对齐。
- **朝向书脊对齐**▤：可设置"左缩进"对齐效果。
- **背向书脊对齐**▤：可设置"右缩进"对齐效果。
- **左缩进**▪、**右缩进**▪：设置段落的左、右边缘向内缩进的距离。
- **首行字左缩进**▪、**末行右缩进**▤：设置段落的首行左侧缩进、末行右侧缩进。
- **强制行数**▤：通过增大某一行文字与上下文字之间的行间距来突出这一行文字，常用于标题文字、引导语等。
- **段前间距**▪、**段后间距**▪：设置所选段落与前一段或后一段之间的距离。
- **段落之间的间距使用相同的样式**▪：设置相同的距离样式。
- **首字下沉行数**▪、**首次下沉一个或多个字符**▪：设置首字下沉的行数与下沉的字数，如图5-62和图5-63所示。

图 5-62   图 5-63

- **底纹** ：勾选该复选框，在其右侧的下拉列表框中可设置底纹颜色，如图5-64所示。
- **边框** ：勾选该复选框，在其右侧的下拉列表框中可设置边框颜色，如图5-65所示。

图 5-64

图 5-65

■ 5.4.3 项目符号和编号

项目符号是指为每一段的开始添加符号。编号是指为每一段的开始添加序号。如果向添加了编号列表的段落中添加段落或从中移去段落，则其中的编号会自动更新。

1. 项目符号

在"段落"面板中单击"菜单"按钮，弹出"项目符号和编号"对话框，在"列表类型"中选择"项目符号"选项，如图5-66所示。

图 5-66

该对话框中主要选项的介绍如下。
- **U形指示符** ：字体未记住的项目符号。不显示U的则为字体记住的项目符号。
- **对齐方式**：在下拉列表框中可选择左对齐、居中对齐或右对齐。
- **左缩进**： 指定第1行之后每行的缩进量。
- **首行缩进**：控制项目符号或编号的位置。
- **制表符位置**：激活制表符位置，以在项目符号或编号与列表项目的起始处之间生成空格。

图5-67和图5-68为添加项目符号前后的效果对比图。

图 5-67

图 5-68

2. 编号

在"段落"面板中单击"菜单"按钮，弹出"项目符号和编号"对话框，在"列表类型"中选择"编号"选项，如图5-69所示，从中可根据需要进行设置。

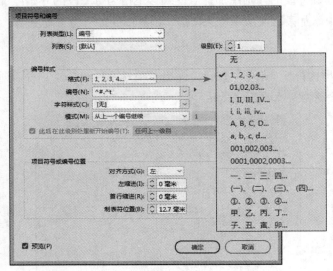

图 5-69

图5-70和图5-71为添加不同编号的效果对比图。

图 5-70

图 5-71

5.5 串接文本

框架中的文本可独立于其他框架，也可在多个框架之间连续排文。要在多个框架之间连续排文，首先必须将框架连接起来。连接的框架可位于同一页或跨页中，也可位于文档的其他页。在框架之间连接文本的过程称为串接文本。

■ 5.5.1 串接文本框架

每个文本框架都包含一个入口和一个出口，这些端口用来与其他文本框架进行连接。空的入口或出口分别表示文章的开头或结尾。端口中的箭头表示该框架连接到另一框架。出口中的红色加号田表示该文章中有要置入的文本，但没有更多的文本框架可放置这些文本，这些剩余的不可见的文本称为溢流文本。

使用"文字工具"拖动创建文本框架并输入文字，单击入口或出口以载入文本图标。将载入的文本图标放置到希望显示新文本框架的位置，单击或拖动即可创建一个新文本框架，如图5-72和图5-73所示。

图 5-72

图 5-73

❗ **提示**：执行"视图"→"其他"→"显示文本串接"命令，可以查看串接框架的可视化情况。无论文本框架是否包含文本，都可进行串接。

取消串接文本框架时，将断开该框架与串接中的所有后续框架之间的连接，之前显示在这些框架中的所有文本将成为溢流文本（不会删除文本），所有的后续框架都为空。

在一个由两个框架组成的串接中，单击第1个框架的出口或第2个框架的入口，将载入的文本图标放置到上一个框架或下一个框架之上，以显示取消串接图标，单击要从串接文本中删除的框架，即可删除以后所有串接框架的文本，如图5-74和图5-75所示。

图 5-74

图 5-75

■ 5.5.2 剪切或删除串接文本框架

剪切或删除文本框架时不会删除文本，文本仍包含在串接中。

1. 从串接文本中剪切框架

可以从串接中剪切框架，然后将其粘贴到其他位置。剪切的框架将使用文本的副本，不会从原文中移去任何文本。在剪切和粘贴一系列串接文本框架时，粘贴的框架将保持彼此之间的连接，但将失去与原文中任何其他框架的连接。

选择"选择工具"，选中一个或多个框架（按住Shift键并单击可选择多个对象），执行"编辑"→"剪切"命令，或按Ctrl+X组合键，选中的框架消失，其中包含的所有文本都排列到该文章内的下一框架中。剪切文章的最后一个框架时，其中的文本存储为上一个框架的溢流文本，如图5-76和图5-77所示。

图 5-76

图 5-77

若要在文档的其他位置使用断开连接的框架，先转到希望断开连接的文本出现的页面，然后执行"编辑"→"粘贴"命令，或按Ctrl+V组合键即可，如图5-78所示。

2. 从串接文本中删除框架

当删除串接中的文本框架时，不会删除任何文本，文本将成为溢流文本，或排列到连续的下一个框架中。如果文本框架未连接到其他任何框架，则会删除框架和文本。

图 5-78

选择文本框架，使用"选择工具"单击框架，按Delete键即可删除框架，如图5-79和图5-80所示。

图 5-79

图 5-80

5.5.3　手动与自动排文

置入文本或者单击入口或出口后，指针将成为载入的文本图标。使用载入的文本图标可将文本排列到页面上。按住Shift键或Alt键，可确定文本排列的方式。载入文本图标将根据置入的位置改变外观。将载入的文本图标置于文本框架之上时，该图标将括在圆括号中。将载入的文本图标置于参考线或网格靠齐点旁边时，黑色指针将变为白色。

可以使用下列4种方法排文。

- 手动排文。
- 单击置入文本时，按住Alt键，可进行半自动排文。
- 单击置入文本时，按住Shift键，可进行自动排文。
- 单击置入文本时，按住Shift+Alt快捷键，可进行固定页面自动排文。

要在框架中排文，InDesign会检测是横排类型还是直排类型。使用半自动或自动排列文本时，将采用"文章"面板中设置的框架类型和方向。

5.6　脚注

脚注一般位于页面的底部，可以作为文档中某处内容的注释。脚注由两个部分组成，显示在文本中的脚注引用编号和显示在页面底部的脚注文本。可以自行创建脚注，也可以从Word或RTF文档中导入脚注。将脚注添加到文档时，脚注会自动编号，每篇文章中都会重新编号。脚注的编号样式、外观和位置都能通过排版控制，不能将脚注添加到表或脚注文本中。

在需要插入脚注的地方单击，执行"文字"→"插入脚注"命令，即可输入脚注文本，如图5-81所示。插入点位于脚注中时，执行"文字"→"转到脚注引用"命令，可以返回正在输入的位置，如图5-82所示。

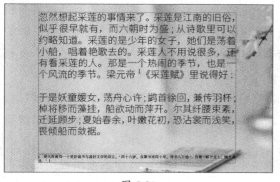

图 5-81　　　　　　　　　　　　　图 5-82

> ❗ **提示：** 要删除脚注，可选择文本中显示的脚注引用编号，按Delete键即可。若仅删除脚注文本，则脚注引用编号和脚注结构将保留下来。

■ 5.6.1 "编号与格式"设置

执行"文字"→"文档脚注选项"命令,弹出"脚注选项"对话框,如图5-83所示。

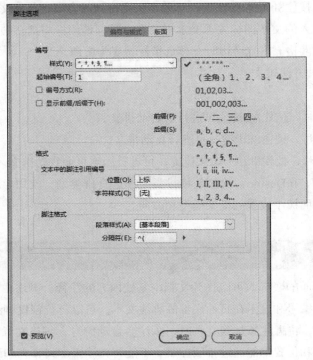

图 5-83

该对话框中主要选项的介绍如下。

● **样式**: 选择脚注引用编号的编号样式。

● **起始编号**: 指定文章中第一个脚注所用的号码。文档中每篇文章的第一个脚注都具有相同的起始编号。如果书籍的多个文档具有连续页码,每章的脚注编号都能接续上一章的编号。对于有多个文档的书籍来说,"起始编号"选项特别有用。对于书籍中的多个文档来说,使用该选项,其脚注编号就可以不再连续。

● **编号方式**: 如果要在文档中对脚注重新编号,可选中该选项并选择"页面""跨页"或"章节",以确定重新编号的位置。某些编号样式,如星号(*),在重新设置每页时效果最佳。

● **显示前缀/后缀于**: 选择该选项可显示脚注引用、脚注文本或两者中的前缀或后缀。前缀出现在编号之前(如[1]),而后缀出现在编号之后(如1])。在字符中置入脚注时该选项特别有用,如"[1]"。输入一个或多个字符,可选择"前缀"和"后缀"选项(或两者之一)。要选择特殊字符,可单击"前缀"和"后缀"控件旁的图标以显示菜单。

● **位置**: 用于确定脚注引用编号的外观,默认情况下为"上标"。

● **字符样式**: 用于设置脚注引用编号的格式。

● **段落样式**: 为文档中的所有脚注选择一个段落样式来设置脚注文本的格式。默认情况下,使用"基本段落"样式。

● **分隔符：** 用于确定脚注编号和脚注文本开头之间的空白。要更改分隔符，首先选择或删除现有分隔符，然后选择新的分隔符。分隔符可包含多个字符。要插入空格字符，应使用适当的元字符（如^m）作为全角空格。

> ⓘ **提示：** 如果脚注引用编号与前面的文本距离太近，则可以添加一个空格字符作为前缀以改善外观，也可将字符样式应用于引用编号。

■ 5.6.2 "版面"设置

执行"文字"→"文档脚注选项"命令，弹出"脚注选项"对话框，单击"版面"选项卡，如图5-84所示。

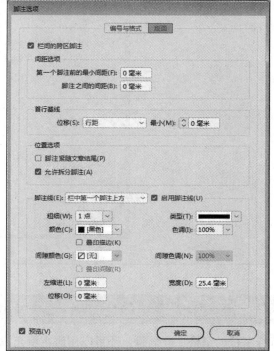

图 5-84

该对话框中主要选项的介绍如下。

● **栏间的跨区脚注：** 该选项使文档中的所有脚注在多栏文本框架中跨栏分布。

● **第一个脚注前的最小间距：** 用于确定栏底部和首行脚注之间的最小间距大小，不能使用负值。此选项将忽略脚注段落中的任何"段前距"设置。

● **脚注之间的间距：** 用于确定栏中某一脚注的最后一个段落与下一脚注的第一个段落之间的距离，不能使用负值。仅当脚注包含多个段落时，才可应用脚注段落中的"段前距/段后距"值。

● **位移：** 用于确定脚注区（默认情况下为出现脚注分隔符的地方）的开头和脚注文本的首行之间的距离。

● **脚注紧随文章结尾：** 选中该选项，最后一栏的脚注恰好显示在文章的最后一个框架中的文本的下面；未选择该选项，则文章的最后一个框架中的任何脚注将显示在栏的底部。

- **允许拆分脚注：**选中该选项，脚注大小超过栏中脚注的可用间距大小时，允许跨栏分隔脚注；未选择该选项，则包含脚注引用编号的行移到下一栏，或者文本变为溢流文本。
- **脚注线：**指定脚注文本上方显示的脚注分隔线的位置和外观。单个框架中任何后续脚注文本的上方也会显示分隔线。所选选项将应用于"栏中第一个脚注上方"或"连续脚注"，具体取决于在菜单中选择了哪一个。这些选项与指定段落线显示的选项相似。勾选"启用脚注线"复选框，可删除脚注分隔线。

> **！提示：**若要跨文本框架的所有栏分布脚注，选择文本框架，执行"对象"→"文本框架选项"命令，弹出"文本框架选项"对话框，选择"脚注"选项，如图5-85所示，从中设置即可。

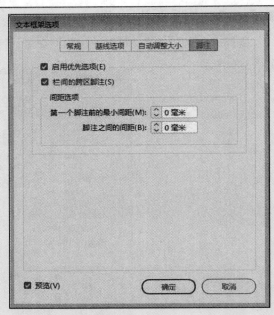

图 5-85

5.7 插入其他字符

可以在文本中插入特殊字符、空格、分隔符，还可以用假字填充设计版面效果。

■ 5.7.1 插入特殊字符

若要在文档中插入商标符号、章节标志符、全角破折号等，可以先选择"文字工具"，在需要插入字符的地方放置插入点，执行"文字"→"插入特殊字符"命令，执行子菜单中的相关命令即可，图5-86为"符号"类别中的命令子菜单。

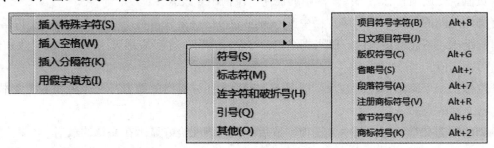

图 5-86

图5-87和图5-88为插入"直双引号"与"半角破折号"的效果对比图。

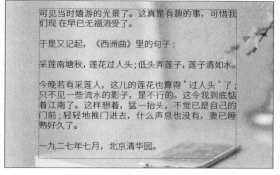
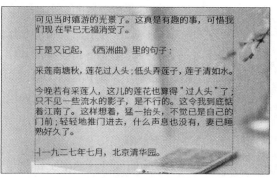

图 5-87　　　　　　　　　　　　　　图 5-88

5.7.2　插入空格

　　空格字符是出现在字符之间的空白内容。可将空格字符用于多种不同的用途，如防止两个单词在行尾断开等。选择"文字工具"，在希望插入特定大小空格的地方放置插入点，执行"文字"→"插入空格"命令即可，如图5-89所示。

图 5-89

　　"插入空格"子菜单中各选项的介绍如下。

- **表意字空格**：这是一个基于亚洲语言的全角字符的空格。它与其他全角字符一起时会绕排到下一行。
- **全角空格**：宽度等于文字大小。例如，在大小为 12 点的文字中，一个全角空格的宽度为 12 点。
- **半角空格**：宽度为全角空格的一半。
- **不间断空格**：可变宽度与按下空格键时的宽度相同，它可防止在出现空格字符的地方换行。
- **不间断空格（固定宽度）**：固定宽度的空格可防止在出现空格字符的地方换行，但在对齐的文本中不会扩展或压缩。
- **细空格**：宽度为全角空格的1/24。

- **六分之一空格：**宽度为全角空格的1/6。
- **窄空格：**宽度为全角空格的1/8。
- **四分之一空格：**宽度为全角空格的1/4。
- **三分之一空格：**宽度为全角空格的1/3。
- **标点空格：**宽度与字体中的感叹号、句号或冒号等宽。
- **数字空格：**宽度与字体中数字的宽度相同。使用数字空格有助于对齐财务报表中的数字。
- **右齐空格：**将大小可变的空格添加到完全对齐的段落的最后一行。在最后一行对齐文本时该选项非常有用。

图5-90和图5-91为插入"表意字空格"与"数字空格"的效果对比图。

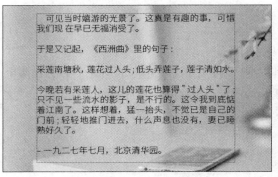
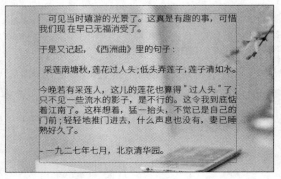

图 5-90　　　　　　　　　　　　　　　　图 5-91

■ 5.7.3　插入分隔符

在文本中插入分隔符，可分隔对栏、框架和页面。选择"文字工具"，在希望出现分隔的地方放置插入点，执行"文字"→"插入分隔符"命令即可，如图5-92所示。

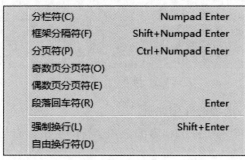

图 5-92

在"插入分隔符"子菜单中各选项的介绍如下。

- **分栏符：**将文本排列到当前文本框架内的下一栏。若该框架只有一栏，则文本转到下一串接的文本框架中。
- **框架分隔符：**将文本排列到下一连接的文本框架，而不考虑当前文本框架的栏设置。
- **分页符：**将文本排列到下一页面（该页面具有串接到当前文本框架的文本框架）。
- **奇数页分页符：**将文本排列到下一奇数页面（该页面具有串接到当前文本框架的文本框架）。

- **偶数页分页符：** 将文本排列到下一偶数页面（该页面具有串接到当前文本框架的文本框架）。
- **段落回车符：** 插入一个段落回车符。
- **强制换行：** 在字符的插入位置处强制换行，开始新的一行，而非新的一段。
- **自由换行符：** 表示文本行在需要换行时的换行位置。自由换行符类似于自由连字符，唯一不同的是换行处没有添加连字符。

■ 5.7.4 用假字填充

可添加无意义的文字作为占位符文本，以使文档的版面效果更加完整。使用"选择工具"选择一个或多个文本框架，或使用"文字工具"单击文本框架，然后执行"文字"→"用假字填充"命令即可，如图5-93和图5-94所示。

图 5-93

图 5-94

经验之谈 版面设计中的文字要素

在设计作品中标题文字有决定第一印象的作用，因此应选择与希望表现的整体风格相一致的字体。有效的文字对比，可以使字体的特征更加明显，且重点突出，如图5-95所示。

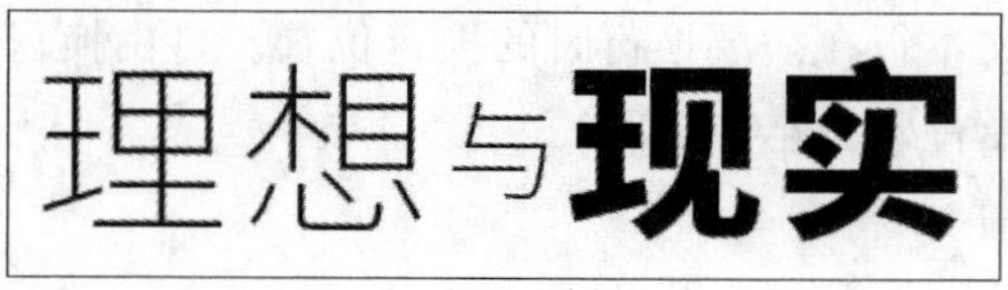

图 5-95

字体可以分为以下多种风格类型。

（1）衬线体。

衬线体是指有边角装饰的字体，风格传统、复古。笔画横竖粗细有变化，衬线体与汉字中的宋体相对应，称为宋体、明体或白体，如图5-96所示。衬线体可读性较高。在报刊杂志中，整文有相当篇幅的情况下，使用其进行排版可增加换行阅读的识别性，避免发生行间的阅读错误。

（2）无衬线体。

无衬线体与衬线体相反，它通常是机械的和统一线条的，拥有相同的曲率，笔直的线条，锐利的转角，在视觉上基本一致，偏现代和中性。因为无衬线体的字体结构简单，在同等字号下，无衬线的字体看上去要比有衬线的更大，结构也更清晰。无衬线体与汉字中相对应的是黑体、方体或等线体，如图5-97所示。

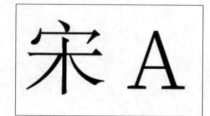

图 5-96

图 5-97

字体的字形、字号、字距不同会有不同的效果。在文字排版时，要以可读性作为第一要义，文字较多时可使用线条较细的字体，若使用粗体会降低可读性，影响阅读效果，如图5-98和图5-99所示。

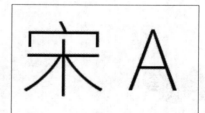

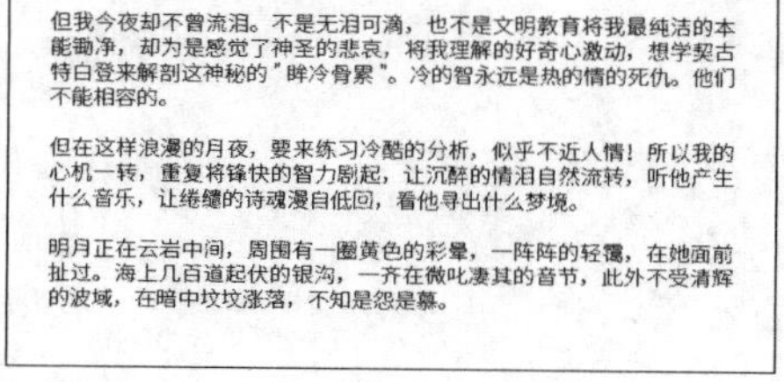

月光有一种神秘的引力。她能使海波咆哮，她能使悲绪生潮。月下的喟息可以结聚成山，月下的情泪可以培畤百亩的畹兰，千茎的紫琳耿。我疑悲哀是人类先天的遗传，否则，何以我们几年不知悲感的时期，有时对着一泻的清辉，也往往凄心滴泪呢？

但我今夜却不曾流泪。不是无泪可滴，也不是文明教育将我最纯洁的本能锄净，却为是感觉了神圣的悲哀，将我理解的好奇心激动，想学契古特白登来解剖这神秘的"眸冷骨累"。冷的智永远是热的情的死仇。他们不能相容的。

但在这样浪漫的月夜，要来练习冷酷的分析，似乎不近人情！所以我的心机一转，重复将锋快的智力剧起，让沉醉的情泪自然流转，听他产生什么音乐，让绻缱的诗魂漫自低回，看他寻出什么梦境。

明月正在云岩中间，周围有一圈黄色的彩晕，一阵阵的轻霭，在她面前扯过。海上几百道起伏的银沟，一齐在微叱凄其的音节，此外不受清辉的波域，在暗中坟坟涨落，不知是怨是慕。

图 5-98

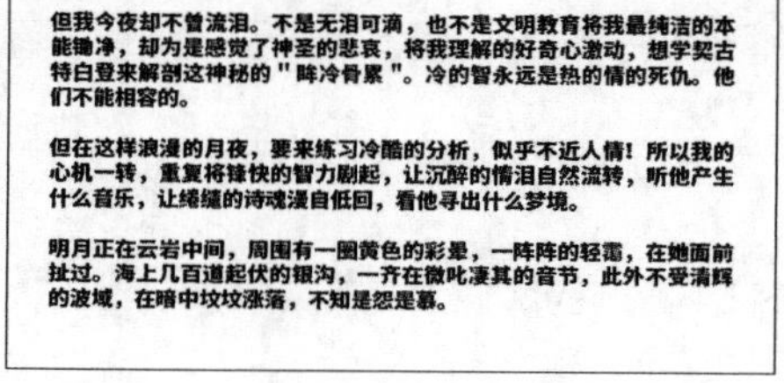

月光有一种神秘的引力。她能使海波咆哮，她能使悲绪生潮。月下的喟息可以结聚成山，月下的情泪可以培畤百亩的畹兰，千茎的紫琳耿。我疑悲哀是人类先天的遗传，否则，何以我们几年不知悲感的时期，有时对着一泻的清辉，也往往凄心滴泪呢？

但我今夜却不曾流泪。不是无泪可滴，也不是文明教育将我最纯洁的本能锄净，却为是感觉了神圣的悲哀，将我理解的好奇心激动，想学契古特白登来解剖这神秘的"眸冷骨累"。冷的智永远是热的情的死仇。他们不能相容的。

但在这样浪漫的月夜，要来练习冷酷的分析，似乎不近人情！所以我的心机一转，重复将锋快的智力剧起，让沉醉的情泪自然流转，听他产生什么音乐，让绻缱的诗魂漫自低回，看他寻出什么梦境。

明月正在云岩中间，周围有一圈黄色的彩晕，一阵阵的轻霭，在她面前扯过。海上几百道起伏的银沟，一齐在微叱凄其的音节，此外不受清辉的波域，在暗中坟坟涨落，不知是怨是慕。

图 5-99

上手实操

实操一：设计黑白图书内页

设计黑白图书内页，如图5-100所示。

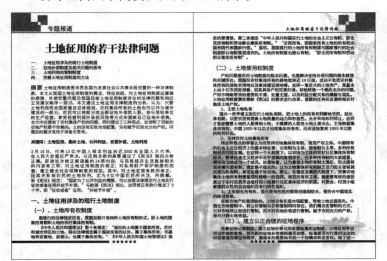

图 5-100

设计要领

- 选择"矩形工具"，绘制装饰图形，置入背景图像并设置不透明度。
- 选择"文字工具"，创建文本框，粘贴文字并设置文字格式。

实操二：设计菜单

设计菜单，如图5-101所示。

图 5-101

设计要领

- 选择"矩形工具"，绘制背景，置入图像素材。
- 选择"文字工具"，创建文本框，输入文字并设置文字格式。

第6章
位图的处理

内容概要

本章主要介绍InDesign中位图图像的置入、链接与排版。位图是设计中不可或缺的部分。框架可以作为文本或其他对象的容器，在版面设计中，可以省去较为复杂的操作过程，并能设计出较为满意的图片效果。

知识要点

- 图像的置入。
- "链接"面板。
- 文本绕排。

数字资源

【本章案例素材来源】："素材文件\第6章"目录下

【本章案例最终文件】："素材文件\第6章\案例精讲\制作宣传页.indd"

案例精讲 制作宣传页

案 / 例 / 描 / 述

本案例主要讲解如何制作宣传页。本案例需置入少量的位图素材，考虑到美观性，需先在Photoshop中调色。本案例以菊花大图为底，文字信息放在左上方，右下角放菊花的小图作为装饰。

扫码观看视频

在实操中主要用到的知识点有Photoshop滤镜、新建文档、置入图像、旋转、框架、对齐等。

案 / 例 / 详 / 解

下面将对案例的制作过程进行详细讲解。

步骤 01 把素材文件"菊花.jpg"拖至Photoshop中，如图6-1所示。

步骤 02 执行"滤镜"→"Camera Raw滤镜"命令，在弹出的"Camera Raw"面板中设置参数，如图6-2所示。

图 6-1

图 6-2

步骤 03 使用相同的操作调整其余的素材图像,如图6-3所示。

步骤 04 打开InDesign,执行"文件"→"新建"→"文档"命令,在弹出的"新建文档"对话框中设置参数,如图6-4所示,单击"边距和分栏"按钮。弹出"新建边距和分栏"对话框,保持默认参数,单击"确定"按钮。

图 6-3

图 6-4

步骤 05 执行"文件"→"置入"命令,置入素材"背景.jpg",如图6-5所示。

步骤 06 右击鼠标,在弹出的快捷菜单中选择"变换"→"顺时针90度"选项,效果如图6-6所示。

图 6-5

图 6-6

步骤 **07** 按住Shift+Ctrl+Alt键等比例放大，如图6-7所示。

步骤 **08** 按住Ctrl键，拖动框架并调整图像大小，如图6-8所示。

图 6-7

图 6-8

步骤 **09** 选择"矩形工具"，绘制矩形并填充白色，如图6-9所示。

步骤 **10** 调整矩形的不透明度 ⊠ 69% ，如图6-10所示。

图 6-9

图 6-10

步骤11 选择"文字工具",创建文本框,输入文字并填充颜色,如图6-11所示。

步骤12 更改文字颜色,如图6-12所示。

图 6-11

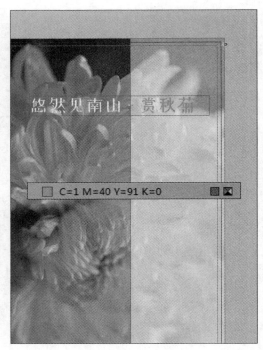

图 6-12

步骤13 选择"文字工具",创建文本框,输入文字并填充颜色,如图6-13所示。

步骤14 更改文字颜色,如图6-14所示。

图 6-13

图 6-14

步骤 15 执行"窗口"→"对象和版面"→"对齐"命令,在弹出的"对齐"面板中设置参数,如图6-15和图6-16所示。

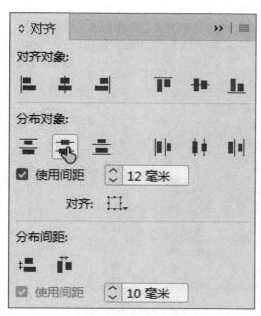

图 6-15

图 6-16

步骤 16 选择"椭圆框架工具",按住Shift键创建正圆形框架,如图6-17所示。

步骤 17 按住Alt键水平方向复制2个。选中3个正圆形框架,按住Alt键垂直复制一组,如图6-18所示。

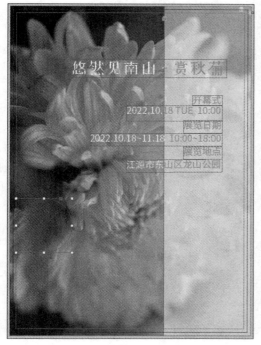

图 6-17

图 6-18

步骤18 选择第1个正圆形框架，执行"文件"→"置入"命令，置入素材"菊花 (1).jpg"，如图6-19所示。

步骤19 按住Shift+Ctrl+Alt组合键等比例调整新置入的图像的大小，如图6-20所示。

图 6-19

图 6-20

步骤20 使用相同的方法置入其余的5个图像，如图6-21所示。

步骤21 选中6个图像框架，在控制面板中设置参数，如图6-22所示。

图 6-21

图 6-22

步骤 22 调整图像位置，如图6-23所示。

步骤 23 选择其中的一个图像，按住Alt键复制，如图6-24所示。

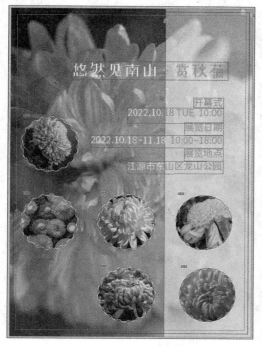
图 6-23

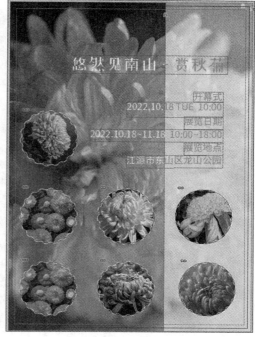
图 6-24

步骤 24 执行"窗口"→"链接"命令，在弹出的"链接"面板中选中"菊花（4）"，单击"重新链接" 按钮，在弹出的"重新链接"对话框中选择"菊花（5）"，如图6-25和图6-26所示。效果如图6-27所示。

图 6-25

图 6-26

步骤 25 选择"矩形工具",绘制矩形并填充颜色,如图6-28所示。

图 6-27

图 6-28

步骤 26 选择"文字工具",绘制文本框并输入文字,如图6-29所示。

步骤 27 最终效果如图6-30所示。

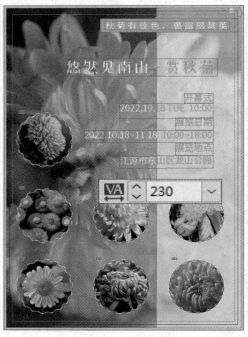
图 6-29

图 6-30

至此,完成宣传页的制作。

6.1 图像置入与编辑

根据不同情况可选择不同的置入方法。InDesign支持各种格式的图形或图像文件，常用的有JPEG、PNG、TIFF、EPS、PSD等格式文件。

■ 6.1.1 将图像置入到页面中

执行"文件"→"置入"命令，弹出"置入"对话框，选择将要置入的文件并勾选"显示导入选项"复选框，单击"打开"按钮即可，如图6-31所示。

图 6-31

该对话框中主要选项的介绍如下。

● **显示导入选项：**设置特定格式的置入选项。

● **替换所选项目：**勾选该复选框，置入的文件将替换所选框架中的内容、替换所选文本或添加到文本框架的插入点；未勾选该复选框，则置入的文件排列到新框架中。

● **创建静态题注：**勾选该复选框，可添加基于图像数据的题注。

● **应用网格格式：**勾选该复选框，可创建带网格的文本框架；未勾选该复选框，将创建纯文本框架。

单击"打开"按钮，弹出"图像导入选项"对话框，若置入的图像文件为带有Alpha通道的Photoshop格式文件，则可在"Alpha通道"中设置参数，如图6-32所示。

图 6-32

单击"颜色"选项卡，如图6-33所示。在"配置文件"列表框中可设置和置入文件色域匹配的颜色色源，在"渲染方法"列表框中可设置输出图像颜色的方法。

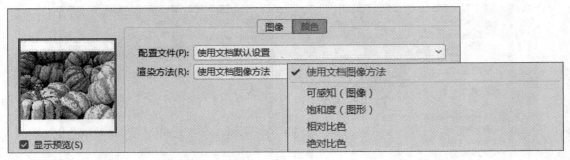

图 6-33

单击"确定"按钮后，直接在页面单击，置入的图像会以原始尺寸大小置入到文档中，如图6-34所示。也可以在文档中按住鼠标左键并拖动，松开鼠标后导入的图像便会填充到该区域，如图6-35所示。

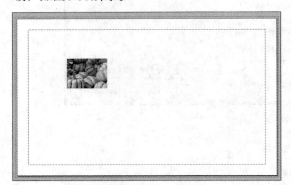

图 6-34

图 6-35

■ 6.1.2 将图像置入到框架中

框架是文档版面的基本构造块，框架可以包含文本或图形。图形框架可以充当边框和背景，并对图形进行裁切或蒙版。在置入图像前应先了解框架工具。

1. 框架工具

长按或右击"矩形框架工具"，展开其工具组，如图6-36所示。

图 6-36

使用框架工具可以快速创建出图形框架。选择"矩形框架工具"，在页面中双击，在弹出的"矩形"对话框中设置参数，即可创建精确尺寸的矩形框架，如图6-37和图6-38所示。拖动鼠标的同时按住Shift键，可绘制正方形框架。

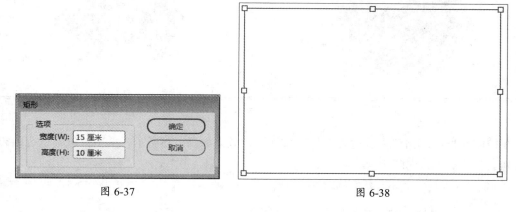

图 6-37　　　　　　　　　　　　　　　　　　　图 6-38

图6-39和图6-40为使用"椭圆框架工具"和"多边形框架工具"绘制的图形框架。

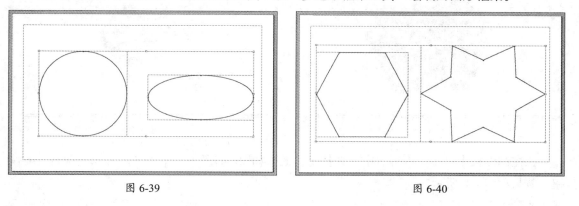

图 6-39　　　　　　　　　　　　　　　　　　　图 6-40

2. 置入图像

绘制一个框架后，执行"文件"→"置入"命令，弹出"置入"对话框，选择将要置入的文件，单击"打开"按钮即可，如图6-41和图6-42所示。

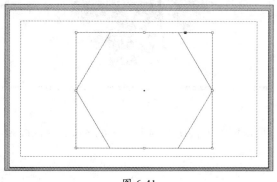

图 6-41　　　　　　　　　　　　　　　　　　　图 6-42

在控制面板中单击"按比例填充框架"■按钮，效果如图6-43所示；单击"按比例适合内容"■按钮，效果如图6-44所示。

图 6-43

图 6-44

在控制面板中单击"内容适合框架" ▣按钮，效果如图6-45所示；单击"框架适合内容"
▣按钮，效果如图6-46所示。

图 6-45

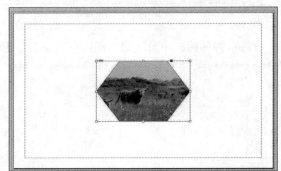

图 6-46

在控制面板中单击"内容居中" ▣按钮，效果如图6-47所示；单击"内容识别调整" ▣按
钮，效果如图6-48所示。

图 6-47

图 6-48

单击置入的图像，此时其边框颜色为黄色，可自由调整置入图像的大小，如图6-49和图6-50
所示。

图 6-49

图 6-50

■ 6.1.3 设置图像显示模式

置入的图像在默认情况下以低分辨率来显示，以提高性能。选中目标图像，执行"视图"→"显示性能"命令，在其子菜单中可对整个画面的显示方式进行设置，如图6-51所示。

该命令中主要选项的含义如下。

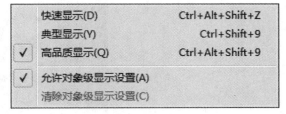

图 6-51

- **快速显示**：将栅格图像或矢量图形绘制为灰色框。若需快速翻阅包含大量图像或透明效果的跨页时可使用此模式，如图6-52所示。
- **典型显示**：适用于识别和定位图像或矢量图形的低分辨率图像。"典型显示"为默认选项，是显示可识别图像的快捷方法，如图6-53所示。

图 6-52

图 6-53

- **高品质显示**：栅格图像或矢量图形将以高分辨率显示。此选项提供最高的图像品质，但执行速度最慢，需要微调图像时可使用此选项，如图6-54所示。

图 6-54

6.2　图像链接

在排版过程中需要大量地排入图形对象，通过"置入"命令可以将其置入文档中。在InDesign中可以通过"链接"的方式显示图片。

■6.2.1　"链接"面板

执行"窗口"→"链接"命令，弹出"链接"面板，如图6-55所示。

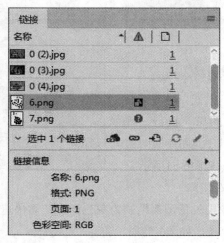

图 6-55

该面板中主要选项的含义如下。

- **缺失** ❓：如果导入文件后，将原始文件删除或移至另一个文件夹或服务器，则可能会出现缺失链接的情况。在找到其原始文件前，无法知道缺失的文件是否为最新版本。如果在显示此图标的状态下打印或导出文档，文件可能无法以全分辨率打印或导出。
- **嵌入** ▣：嵌入链接文件的内容会导致该链接的管理操作暂停。如果选定链接当前处于"正在编辑"操作中，则不能使用此选项。取消嵌入文件，就会恢复对相应链接的管理操作。
- **显示、隐藏链接信息** ⌄：单击该按钮，可显示/隐藏链接信息。
- **重新链接** ∞：按住Alt键的同时单击该按钮可重新链接所有缺失的链接。
- **转到链接** ⏏：选择并查看链接图形，在"链接"面板中选择相关链接，单击该按钮即可。
- **更新链接** ↻：按住Alt键的同时单击该按钮可更新全部链接。
- **编辑原稿** ✎：单击该按钮，可以在创建图形的应用程序中打开大多数图形，以便于修改。

■6.2.2　嵌入与取消嵌入

可以将文件嵌入到文档中，而不是链接到已置入文档的外部文件上。嵌入文件时，将断开指向原始文件的链接。若没有链接，当原始文件发生更改时，"链接"面板不会发出警告，并且无法自动更新相应的文件。

要嵌入一个文件，可在"链接"面板中选中一个文件，单击"菜单"按钮，在弹出的菜单中选择"嵌入链接"选项即可，如图6-56和图6-57所示。

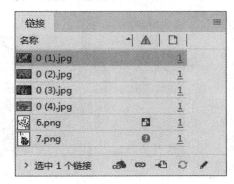

图 6-56　　　　　　　　　　　　　图 6-57

若要取消链接，有以下3种方法。

● 选中目标文件，单击"菜单"按钮，在弹出的菜单中选择"取消嵌入链接"选项。

● 单击"菜单"按钮，在弹出的菜单中选择"重新链接"选项。

● 单击面板底部的"重新链接" 按钮。

■ 6.2.3　恢复、更新和替换链接

若链接到文档的图像已不在置入时的文件位置，打开文档时会出现一个提示对话框，如图6-58所示。

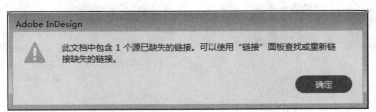

图 6-58

单击"确定"按钮后，页面上有问题的图形框架上将出现"缺失" 图标。单击该图标，在弹出的"定位"对话框中选择目标图像，单击"打开"按钮即可恢复，如图6-59和图6-60所示。

图 6-59　　　　　　　　　　　　　图 6-60

若链接到文档的图像发生改变，则页面有问题的图形框架上会出现"修改" ⚠图标，单击该按钮即可更新，如图6-61和图6-62所示。

图 6-61

图 6-62

若要替换掉当前"链接"面板中的图像文件，只需重新创建一个文件夹，命名与原文件名称相同，如图6-63和图6-64所示。

图 6-63

图 6-64

在"链接"面板中按住Shift键选中目标文件，单击"菜单"按钮，在弹出的菜单中选择"重新链接到文件夹"即可，如图6-65所示。

图 6-65

6.3 剪切路径

创建图像的路径和图形的框架后，可以通过创建剪切路径来隐藏图像中不需要的部分。保持剪切路径和图形框架彼此分离，可以使用"直接选择工具"和工具箱中的其他绘制工具自由地修改剪切路径，而不会影响图形框架。

■6.3.1 检测边缘

使用"剪切路径"对话框中的"检测边缘"选项，可为已经存储但没有剪切路径的图形生成一个剪切路径。执行"对象"→"剪切路径"→"选项"命令，弹出"剪切路径"对话框，在"类型"下拉列表框中选择"检测边缘"选项，如图6-66所示。

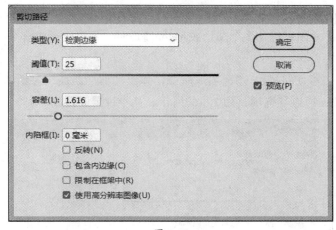

图 6-66

该对话框中主要选项的含义如下。

● **阈值**：指定将定义生成的剪切路径的最暗的像素值。扩大添加到隐藏区域的亮度值范围，从0（白色的）开始增大像素值，使更多的像素变得透明。

● **容差**：指定在像素被剪切路径隐藏以前，像素的亮度值与"阈值"的接近程度。增加"容差"值有利于删除不需要的凹凸部分，这些像素比其他像素暗，但接近"阈值"中的亮度值。通过增大较暗像素在内的"容差"值附近的值范围，较高的"容差"值通常会创建一个更平滑、更松散的剪切路径，而降低"容差"值则会通过使值具有更小的变化来收紧剪切路径。较低的"容差"值将通过增加锚点来创建更粗糙的剪切路径，这可能会使打印图像更加困难。

● **内陷框**：不考虑亮度值，收缩剪切路径的形状。稍微调整"内陷框"值或许可以帮助隐藏使用"阈值"和"容差"值无法消除的孤立像素。输入一个负值可使生成的剪切路径比由"阈值"和"容差"值定义的剪切路径大。

● **反转**：通过将最暗色调作为剪切路径的开始，来切换可见和隐藏区域。

● **包含内边缘**：使存在于原始剪切路径内部的区域变得透明（如果其亮度值在"阈值"和"容差"范围内）。默认情况下，"剪切路径"命令只使外面的区域变为透明，因此使用"包含内边缘"可以正确表现图形中的"空洞"。当希望其透明区域的亮度级别与必须可见的所有区域均不匹配时，该选项的效果最佳。例如，如果对银边眼镜图形选择了"包含内边缘"，并且镜片变得透明，则很亮的镜框区域也可以变得透明。如果有些区域变为透明，可调整"阈值""容差"和"内陷框"值进行尝试。

● **限制在框架中：** 创建终止于图形可见边缘的剪切路径。当使用图形的框架裁剪图形时，可以生成更简单的路径。

● **使用高分辨率图像：** 为了获得最大的精度，应使用实际文件计算透明区域。取消选择该选项将根据屏幕显示分辨率来计算透明度，这样会更快但精确度较低。如果选择了"Alpha通道"，该选项将不可用，InDesign将使用Alpha通道的实际分辨率。

■6.3.2 Alpha通道

InDesign可以使用与文件一起存储的剪切路径或Alpha通道，裁剪导入的EPS、TIFF或Photoshop图形。当导入图形包含多个路径或Alpha通道时，可以选择将哪个路径或Alpha通道用于剪切路径。

执行"对象"→"剪切路径"→"选项"命令，弹出"剪切路径"对话框，在"类型"下拉列表框中选择"Alpha 通道"选项，如图6-67所示，从中设置即可。

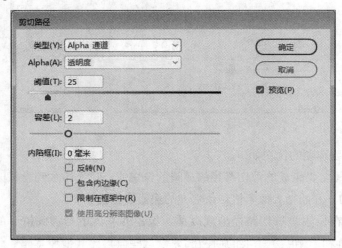

图 6-67

图6-68和图6-69为应用剪切"Alpha通道"前后效果的对比图。

图 6-68

图 6-69

> ⚠️ **提示**：Alpha通道是定义图形透明区域的不可见通道。它存储在具有RGB或CMYK通道的图形中。Alpha通道通常用于具有视频效果的应用程序中。InDesign自动将Photoshop的默认透明度（灰白格背景）识别为Alpha通道。

■6.3.3 将剪贴路径转换为框架

执行"对象"→"剪切路径"→"将剪切路径转换为框架"命令，可将剪切路径转换为图形框架。使用"直接选择工具"双击进入锚点模式，调整框架锚点，也可以使用"选择工具"移动调整框架，如图6-70和图6-71所示。

图 6-70

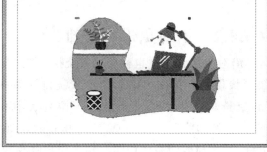

图 6-71

6.4 文本绕排

InDesign可以对任何图形框使用文本绕排，当对一个对象应用文本绕排时，InDesign会为这个对象创建边界以阻碍文本。选择一种绕排方式后，可设置"偏移值"和"轮廓"参数。

■6.4.1 沿定界框绕排

沿定界框绕排是创建一个矩形绕排，其宽度和高度由所选对象的定界框（包括指定的任何偏移距离）确定。

选择"文字工具"，创建文本，执行"文件"→"置入"命令，在"置入"对话框中置入图片素材，如图6-72所示。在"文本绕排"面板中单击"沿定界框绕排" 按钮。在"绕排至"下拉列表中有"左侧""右侧""左侧和右侧""朝向书脊侧""背向书脊侧"和"最大区域"6个选项，如图6-73所示。

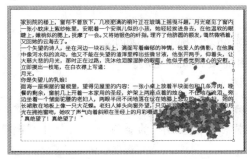

图 6-72

图 6-73

图6-74和图6-75为选择"左侧和右侧"和"背向书脊册"的效果图。

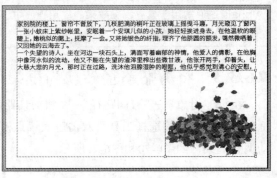

图 6-74 　　　　　　　　　　　　　　 图 6-75

■6.4.2　沿对象形状绕排

沿对象形状绕排也称为轮廓绕排，绕排边缘和图像形状相同。单击"沿对象形状绕排" ▤ 按钮，在"轮廓选项"组中的"类型"下拉列表中有"定界框""检测边缘""Alpha通道""Photoshop路径""图形框架""与剪切路径相同"和"用户修改的路径"7个选项，如图6-76所示。

图 6-76

图6-77和图6-78为选择"检测边缘"和"Alpha通道"的效果图。

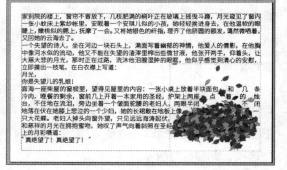

图 6-77 　　　　　　　　　　　　　　 图 6-78

在"轮廓选项"组的"类型"下拉列表中部分选项的介绍如下。

- **定界框**：将文本绕排至由图像的高度和宽度构成的矩形。
- **图形框架**：用容器框架生成边界。
- **与剪切路径相同**：用导入图像的剪切路径生成边界。
- **用户修改的路径**：与其他图形路径一样，可以使用"直接选择工具"和"钢笔工具"调整文本绕排的边界与形状。

■6.4.3 上下型绕排

上下型绕排是将图片所在栏中所有的文本全部排开至图片的上方和下方。单击"上下型绕排" ≣ 按钮，如图6-79所示。移动图形框架，文本也随之变动，如图6-80所示。

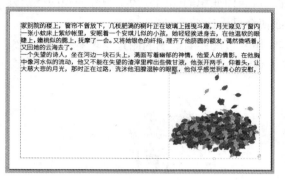

图 6-79

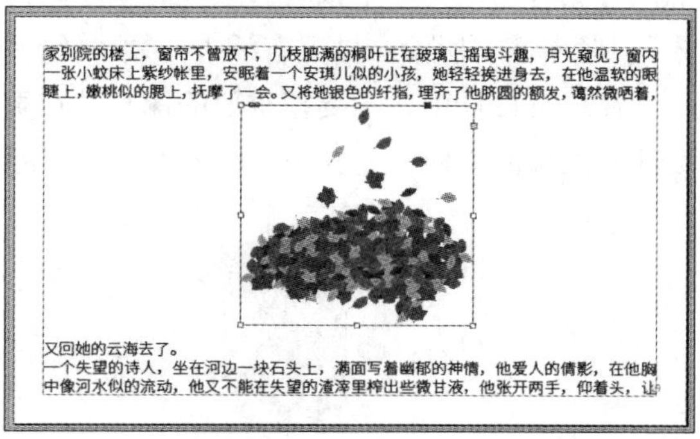

图 6-80

■6.4.4 下型绕排

下型绕排是将图片所在栏中图片上边缘以下的所有文本都排开至下一栏。单击"下型绕排" ≣ 按钮，设置偏移值为7 mm，如图6-81所示。移动图形框架，文本也随之变动，如图6-82所示。

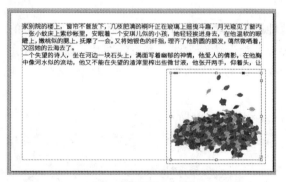

图 6-81

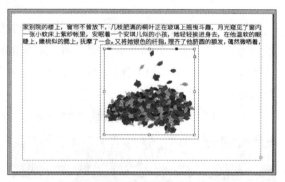

图 6-82

❗ **提示**：偏移值为正值表示文本向外远离绕排边缘，为负值表示文本向内进入绕排边缘。

经验之谈 设计中使用图片的注意事项

　　排列多张图片时，要根据重要性分出优先顺序，区分尺寸大小，产生引导效果，以便让重点内容更容易地传达给读者。最大和最小的图片所占版面面积的比例称为"图片的视线跳跃频率"。频率高，版面会显得有活力；频率低，版面便会显得稳重。

　　在跨页设计中，不要把重要的图片放在页面正中。页脚左右两侧的图片，带有方向的一定要注意图像的朝向，尤其是人物方面，尽可能使人物面朝内侧，如图6-83所示。

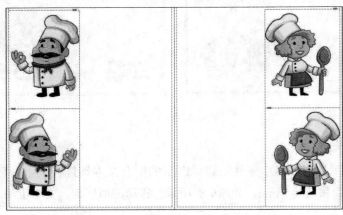

图 6-83

　　排版过程中可以适当裁剪图片，这样能有效地避免单调乏味的视觉感，还可以吸引读者的注意力。裁剪掉多余的部分，留下重点展现的部分。放大特写主图，剩下的图片应统一尺寸，便于读者观察，提高版面整体的可视性。主图优先选择与文字内容一致、最容易给读者留下印象的图片。

　　下面欣赏一些不同版式设计处理的图片，如图6-84和图6-85所示。

图 6-84

图 6-85

上手实操

实操一：制作宣传菜单

制作宣传菜单，如图6-86所示。

图 6-86

实操二：制作内文页面

制作内文页面，如图6-87所示。

图 6-87

第7章
表格的处理

内容概要

本章主要介绍InDesign中表格的创建方法、置入表格及从其他程序中导入表格的操作方法。同时还对选择表格元素、插入行与列、调整表格大小、拆分与合并单元格、设置表格选项和设置单元格选项等内容进行讲解。

知识要点

● 表格的创建。

● 表格的编辑。

● 表格的设置。

数字资源

【本章案例素材来源】："素材文件\第7章"目录下

【本章案例最终文件】："素材文件\第7章\案例精讲\制作招生海报.indd"

案例精讲 制作招生海报

案 / 例 / 描 / 述

本案例主要讲解如何制作招生海报。招生海报以文字内容为主，登记信息部分以表格形式展示。

实操中主要用到的知识点有新建文档、置入图像、文字工具、将文本转换为表、表选项、单元格选项等。

扫码观看视频

案 / 例 / 详 / 解

下面将对案例的制作过程进行详细讲解。

图 7-1

步骤01 执行"文件"→"新建"→"文档"命令，在弹出的"新建文档"对话框中设置参数，如图7-1所示，单击"边距和分栏"按钮。

步骤02 在弹出的"新建边距和分栏"对话框中设置参数，如图7-2所示。

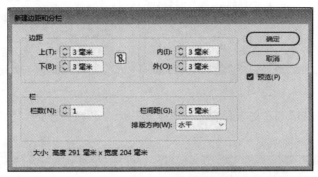

图 7-2

步骤03 执行"文件"→"置入"命令，置入素材"背景.png"，调整至合适大小并放置到合适位置，如图7-3所示。

步骤04 选择"文字工具"，绘制文本框并输入文字，在控制面板中设置参数，如图7-4所示。

图 7-3

图 7-4

步骤 05 按Ctrl+R组合键显示标尺，居中创建参考线，如图7-5所示。

步骤 06 选择"文字工具"，绘制文本框并输入文字，如图7-6所示。

图 7-5

图 7-6

步骤 07 执行"窗口"→"文字和表"→"段落"命令，在弹出的"段落"面板中设置参数，如图7-7和图7-8所示。

图 7-7

图 7-8

步骤 08 选择"文字工具"，绘制文本框并输入文字，执行"窗口"→"文字和表"→"字符"命令，在"字符"面板中设置参数，如图7-9和图7-10所示。

图 7-9　　　　　　　　　　　　　　　　图 7-10

步骤 09 按住Alt键复制文本框，如图7-11所示。

步骤 10 更改文字，如图7-12所示。

图 7-11

图 7-12

步骤 **11** 按住Alt键复制文本框，并更改文字，如图7-13和图7-14所示。

图 7-13

图 7-14

步骤 **12** 选择"文字工具"，绘制文本框并输入文字，如图7-15所示。

步骤 **13** 选择"文字工具"，绘制文本框并输入文字，如图7-16所示。

图 7-15

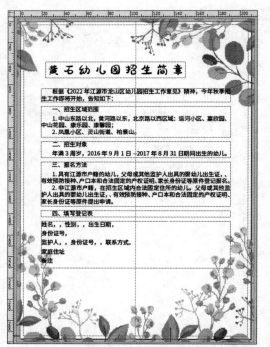

图 7-16

步骤 14 执行"表"→"将文本转换为表"命令，弹出"将文本转换为表"对话框，单击"确定"按钮，如图7-17所示。

步骤 15 效果如图7-18所示。

图 7-17

图 7-18

步骤 16 执行"表"→"表选项"→"表设置"命令，在弹出的"表选项"对话框中设置参数，如图7-19所示。

步骤 17 在弹出的"表选项"对话框中单击"行线"选项卡，设置参数，如图7-20所示。

图 7-19

图 7-20

步骤 18 在弹出的"表选项"对话框中单击"列线"选项卡，设置参数，如图7-21所示。

步骤 19 在弹出的"表选项"对话框中单击"填色"选项卡，设置参数，如图7-22所示。

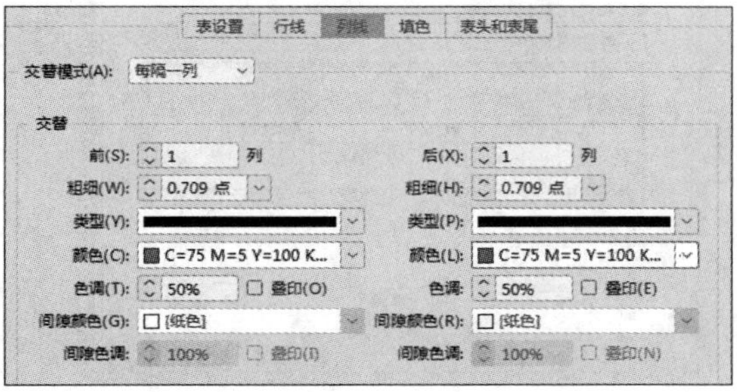

图 7-21

图 7-22

步骤 **20** 效果如图7-23所示。

步骤 **21** 选中表格，执行"表"→"单元格选项"→"行和列"命令，在弹出的"单元格"对话框中设置参数，如图7-24所示。

图 7-23

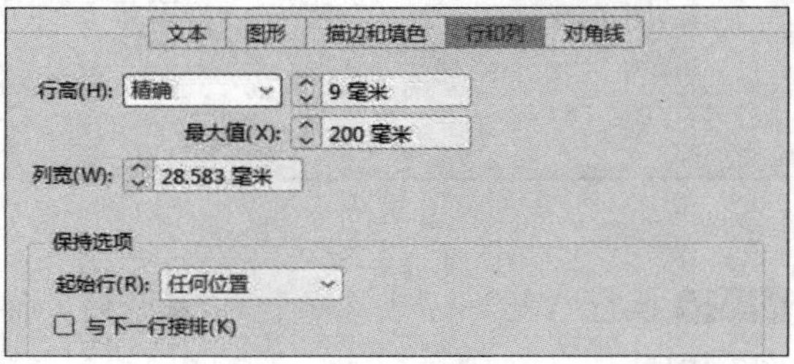

图 7-24

步骤 **22** 效果如图7-25所示。

步骤 **23** 选中表格中的全部文字，在控制面板中设置参数，如图7-26所示。

图 7-25

图 7-26

步骤 24 选中表格中的文字，依次在控制面板中设置文字颜色，如图7-27和图7-28所示。

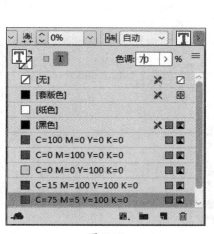

<table>
<tr><td>图 7-27</td><td>图 7-28</td></tr>
</table>

步骤 25 选中第2行的空白单元格，右击鼠标，在弹出的菜单中选择"合并单元格"选项，对第4行和第5行执行相同的操作，如图7-29所示。

步骤 26 按住Alt键复制任意一个文本框，并更改文字，如图7-30所示。

<table>
<tr><td>图 7-29</td><td>图 7-30</td></tr>
</table>

步骤 27 选中正文内容进行调整，如图7-31所示。

步骤 28 调整文本框与表格的距离，如图7-32所示。

图 7-31　　　　　　　　　　　图 7-32

步骤 29 选择"文字工具"，绘制文本框并输入文字，如图7-33所示。

步骤 30 最终效果如图7-34所示。

图 7-33　　　　　　　　　　　图 7-34

至此，完成招生海报的制作。

边用边学

7.1 创建表格

表格又可以称之为表，是由单元格的行和列组成的。单元格类似于文本框架，可在其中添加文本、随文图或其他表。可以从零开始创建表，也可以使用从现有文本转换的方式创建表。还可以在一个表中嵌入另一个表。

■ 7.1.1 插入表格

选择"文字工具"，创建一个文本框，执行"表"→"插入表"命令，弹出"插入表"对话框，如图7-35所示。

该对话框中各选项的介绍如下。

- **正文行**：指定表格横向行数。
- **列**：指定表格纵向列数。
- **表头行**：设置表格的表头行数，如表格的标题，位于表格的最上方。
- **表尾行**：设置表格的表尾行数，它与表头行一样，但位于表格最下方。
- **表样式**：设置表格样式。可以选择内置样式或创建新的表格样式。

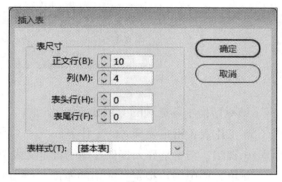

图 7-35

表的排版方向取决于文本框架的方向，如图7-36和图7-37所示。

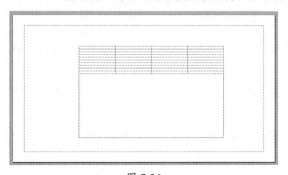

图 7-36

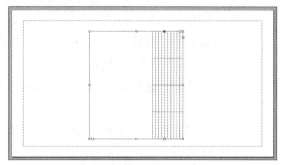

图 7-37

> **提示**：在InDesign中若要创建新的表格，必须建立在文本框上，即要创建表格必须先创建一个文本框，或者在现有的文本框中单击定位，再绘制表格。

■ 7.1.2 导入表格

此功能可将其他软件制作的表格直接置入到InDesign的页面中，如Word文档表格、Excel表格等，这将大大提高工作效率。执行"文件"→"置入"命令，在弹出的"置入"对话框的左下角勾选"显示导入选项"复选框，选择目标文件置入后弹出"Microsoft Excel导入选项"对话框，如图7-38所示。

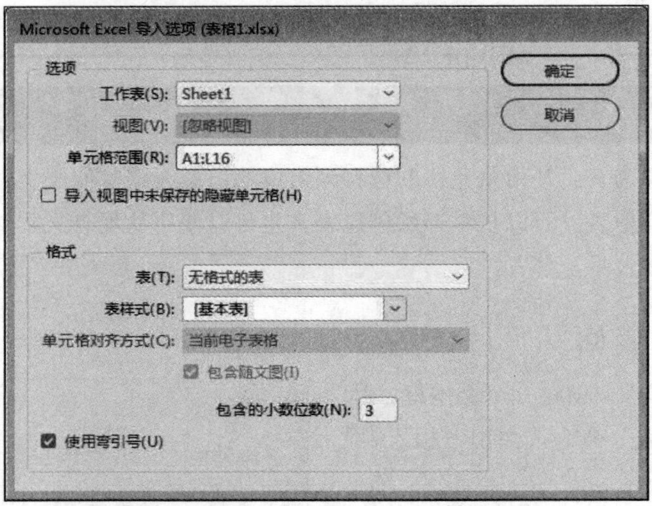

图 7-38

该对话框中各选项的介绍如下。

● **工作表**：指定要导入的工作表。

● **视图**：指定是导入任何存储的自定义或个人视图，或是忽略这些视图。

● **单元格范围**：指定单元格的范围，使用冒号（:）来指定范围（如A1:L16）。如果工作表中存在指定的范围，则在"单元格范围"下拉列表框中将显示这些名称。

● **导入视图中未保存的隐藏单元格**：包括设置为Excel电子表格的未保存的隐藏单元格在内的任何单元格。

● **表**：指定的电子表格信息在文档中显示的方式有"有格式的表""无格式的表""无格式制表符分隔文本"和"仅设置一次格式"4种方式。

　　有格式的表：选择该选项时，可能不会保留单元格中的文本格式，但InDesign会尝试保留Excel中用到的相同格式。

　　无格式的表：选择该选项时，不会从电子表格中导入任何格式，但可以将表样式应用于导入的表。

　　无格式制表符分隔文本：选择该选项时，表导入制表符分隔文本，可以在InDesign中将其转换为表。

　　仅设置一次格式：选择该选项时，InDesign保留初次导入时Excel中使用的相同格式。如果电子表格是链接的而不是嵌入的，则在更新链接时会忽略链接表中对电子表格所作的格式更改。

● **表样式**：将指定的表样式应用于导入的文档。仅当选择"无格式的表"选项才可以用。

● **单元格对齐方式**：设置导入文档的单元格对齐方式。

● **包含随文图**：保留置入文档的随文图。

● **包含的小数位数**：设置表格中的小数点数。

● **使用弯引号**：确保导入的文本包含弯双引号（""）和弯单引号（''），而不包含直双引号（""）和直单引号（''）。

> **⊙ 提示**：可以直接在制表软件中复制并粘贴表格到InDesign中，只需在菜单栏中执行"编辑"→"首选项"→"剪贴板处理"命令，选中"所有信息（索引标志符、色板、样式等）"单选按钮即可，如图7-39所示。

图 7-39

7.2 编辑表格

创建好表格后，可通过一些简单操作对表格框架进行编辑处理，例如，列数、行数的增加，文本、图形图像的插入，文本与表格的转化等。

■7.2.1 选择单元格、行和列

在编辑表格之前，首先要学会如何快速选择目标单元格、行和列，以及选中整个表。若是表跨过多个框架，可以将鼠标指针停放在除第一个表头行或表尾行以外的任何表头行或表尾行，此时会出现一个锁形图标，表示不能选择该行中的文本或单元格。

1. 选择单元格

单元格是构成表格的基本元素，使用"文字工具"在要选择的单元格内单击，执行"表"→"选择"→"单元格"命令，即可选择当前单元格。

2. 选择行和列

选择行和列有以下两种方法。

- 使用"文字工具"在要选择的单元格内单击，执行"表"→"选择"→"行"/"列"命令，即可选择当前行或列。
- 将光标移至列的上边缘或行的左边缘，当光标变为箭头形状（↓或→）后，单击鼠标即可选择整列或整行，如图7-40和图7-41所示。

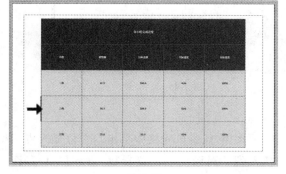

图 7-40

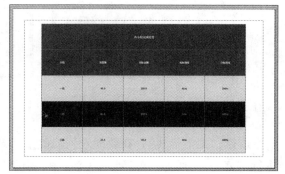

图 7-41

3. 选择整个表

选择整个表有以下两种方法。

- 使用"文字工具"在要选择的单元格内单击,执行"表"→"选择"→"表"命令,即可选择整个表。
- 将光标移至表的左上角,当光标变为箭头形状(↘)后,单击鼠标即可选择整个表,如图7-42和图7-43所示。

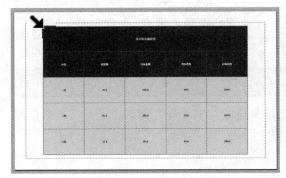

图 7-42

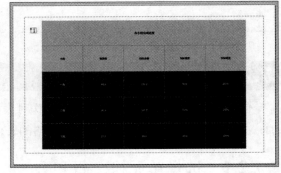

图 7-43

■7.2.2 插入行和列

对于已经创建好的表格,如果表格中的行或列不能满足要求,可以通过相关命令自由添加行与列。

1. 插入行

选择"文字工具",在要插入行的前一行或后一行中的任意单元格中单击,定位插入点,执行"表"→"插入"→"行"命令,在弹出的"插入行"对话框中设置参数,如图7-44和图7-45所示。

图 7-44

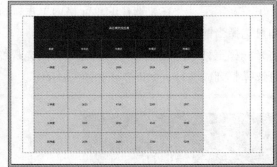

图 7-45

2. 插入列

选择"文字工具",在要插入列的前一列或后一列中的任意单元格中单击,定位插入点,执行"表"→"插入"→"列"命令,在弹出的"插入列"对话框中设置参数,如图7-46和图7-47所示。

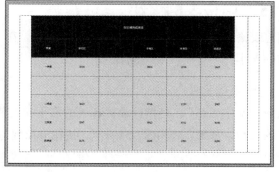

图 7-46 图 7-47

■7.2.3 插入文本和图像

在制作表格时适当添加与内容相对应的图片会增加表格的直观性，提升阅读兴趣。

1. 插入文本

在表格中添加文本，相当于在单元格中添加文本。插入文本有以下两种方法。

● 选择"文字工具"，在要输入文本的单元格中单击，定位插入点，直接输入文字或者是粘贴文字。

● 选择"文字工具"，在要输入文本的单元格中单击，定位插入点，执行"文件"→"置入"命令，将对象置入即可。

2. 插入图像

在表格中添加图像，方法与插入文字相同，可以用复制和粘贴或者执行"置入"命令，最后调整图片的大小即可，如图7-48和图7-49所示。

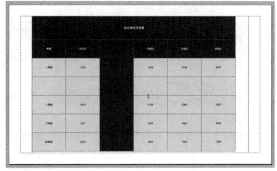

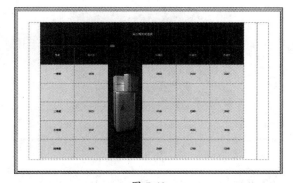

图 7-48 图 7-49

■7.2.4 删除行、列

在表格制作过程中，要删除行和列可以选择"文字工具"，在要删除行中的任意单元格中单击，定位插入点，执行"表"→"删除"→"行"命令，即可删除行；执行"表"→"删除"→"列"命令，即可删除列。

■ 7.2.5 调整表的大小

创建表格时，表格的宽度为文本框架的宽度。在表格制作过程中，可以根据需要调整表、行、列的大小。

1. 调整表的大小

选择"文字工具"，将指针放置在表的右下角，使指针变为箭头形状🢂，左右拖动增加或减小表的大小，如图7-50和图7-51所示。按住Shift键拖动鼠标可保持表的宽高比例不变。

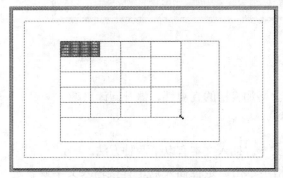

图 7-50　　　　　　　　　　　　　　　　图 7-51

2. 调整行高和列宽

选择"文字工具"，将光标放置在要改变大小的行或列的边缘位置，当光标变成↔状时，按住鼠标向左或向右拖动，可以增大或减小列宽，如图7-52和图7-53所示；当光标变成↕形状时，按住鼠标向上或向下拖动，可以增大或减小行高。

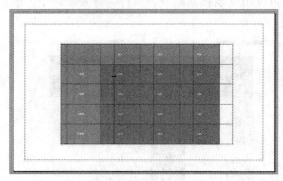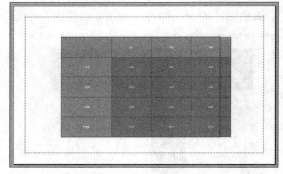

图 7-52　　　　　　　　　　　　　　　　图 7-53

> **⊘ 提示**：通过拖动鼠标改变行和列的大小时，如果想要在不改变表格大小的情况下修改行高或列宽，可以在拖动鼠标时按下Shift键。

3. 自动调整行高和列宽

执行"均匀分布行"和"均匀分布列"命令，可以在调整行高和列宽时，自动依据选择的总高度与选择的总宽度平均分配给选择的行和列。

使用"文字工具"选择待等宽或等高的单元格，执行"表"→"均匀分布行"命令或"表"→"均匀分布列"命令，可使表格中的行或列均匀分布，如图7-54和图7-55所示。

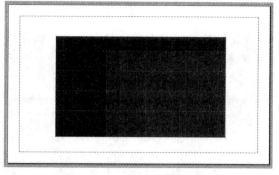

图 7-54

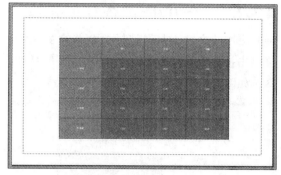

图 7-55

7.2.6 拆分单元格

在表格制作过程中为了排版需要，可以将多个单元格合并成一个大的单元格，也可以将一个单元格拆分为多个小的单元格。

1. 水平拆分单元格

使用"文字工具"选择要拆分的单元格，可以是一个，也可以是多个单元格，如图7-56所示。执行"表"→"水平拆分单元格"命令，即可将选择的单元格水平拆分，如图7-57所示。

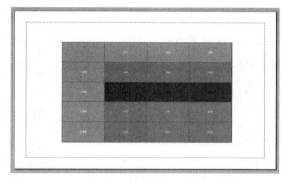

图 7-56

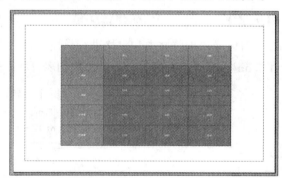

图 7-57

2. 垂直拆分单元格

执行"表"→"垂直拆分单元格"命令，即可将选择的单元格垂直拆分，如图7-58和图7-59所示。

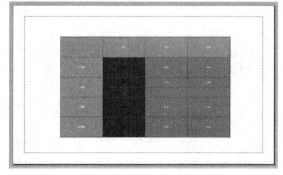

图 7-58

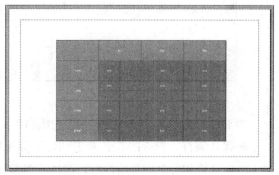

图 7-59

■7.2.7 合并/取消合并单元格

使用"文字工具"选择要合并的多个单元格，执行"表"→"合并单元格"命令，或者直接单击控制面板中的"合并单元格" 🔲 按钮，均可直接把选择的多个单元格合并成一个单元格，如图7-60和图7-61所示。

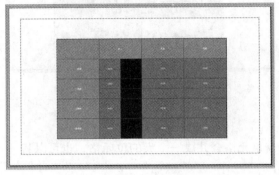
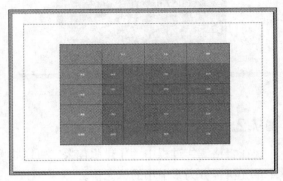

图 7-60   图 7-61

若要取消合并单元格，将光标放置到合并的单元格中，执行"表"→"取消合并单元格"命令即可。

■7.2.8 表与文本的转换

可以轻松地将文本和表格进行转换。将文本转换为表格时，需要使用指定的分隔符，如使用Tab键、逗号、句号等，并且分成制表符和段落分隔符，如图7-62所示。

图 7-62

1. 将文本转换为表

使用"文字工具"选中要转换为表格的文本，执行"表"→"将文本转换为表"命令，在弹出的"将文本转换为表"对话框中设置参数，如图7-63和图7-64所示。

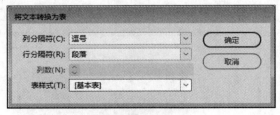

图 7-63   图 7-64

"将文本转换为表"对话框中各选项的含义如下。

● **列分隔符、行分隔符**：对于列分隔符和行分隔符，指出新行和新列应开始的位置。在列分隔符和行分隔符字段中，选择"制表符""逗号"或"段落"，或者输入字符（如分号）。

● **列数**：如果为列和行指定了相同的分隔符，需要指出要让表包括的列数。

● **表样式**：设置一种表样式以及设置表的格式。

2. 将表转换为文本

使用"文字工具"选中要转换为文本的表，执行"表"→"将表转换为文本"命令，在弹出的"将表转换为文本"对话框中设置参数即可。

> ❗ **提示**：将表转换为文本时，表格线会被去除，并在每一行和列的末尾插入指定的分隔符。

7.3 表选项设置

创建表格后，可以更改表格边框的描边，并在列和行中添加交替描边和填色，实现美化表格的效果。

■7.3.1 表设置

在"表选项"对话框中可以对"表尺寸""表外框""表间距"和"表格线绘制顺序"等选项进行设置。将光标放在单元格中，执行"表"→"表选项"→"表设置"命令，弹出"表选项"对话框，如图7-65所示。

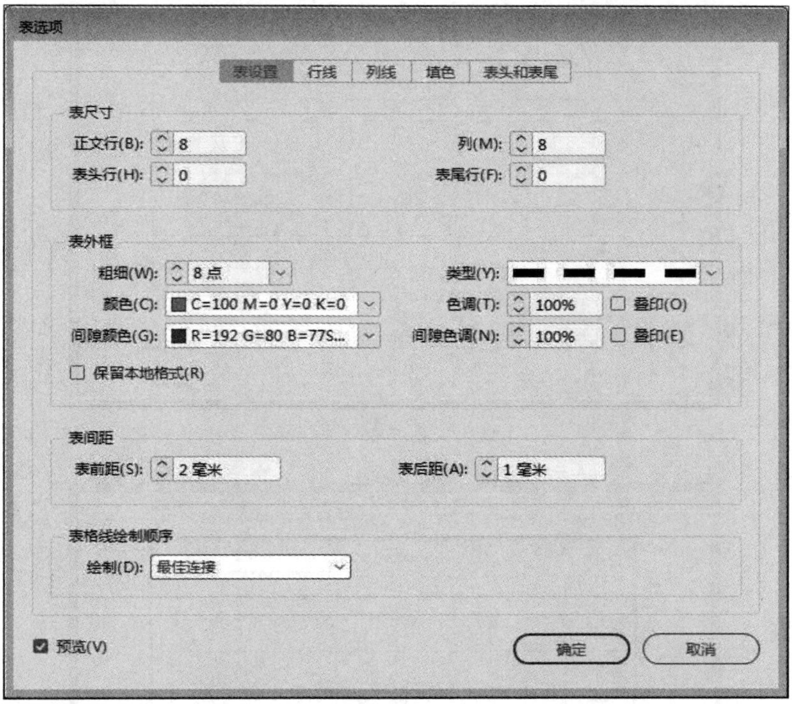

图 7-65

该对话框中主要选项的介绍如下。

● **"表尺寸"选项组**：在该选项组中可以设置表格中的正文行数、列数、表头行数和表尾行数。
● **"表外框"选项组**：设置表外框参数。
  粗细：为表或单元格边框的指定线条设置粗细。

类型：用于设置线条的样式，如"粗-细"。

颜色：用于设置表或单元格边框的颜色。列表框中的选项是"色板"面板中提供的选项。

色调：用于设置要应用于描边或填充的指定颜色的油墨百分比。

间隙颜色：将颜色应用于虚线、点或线条之间的区域。若"类型"选择了"实线"，则此选项不可用。

间隙色调：将色调应用于虚线、点或线条之间的区域。若"类型"选择了"实线"，则此选项不可用。

叠印：若选中该复选框，将导致"颜色"下拉列表中所指定的油墨应用于所有底色之上，而不是挖空这些底色。

● **表间距**：表前距与表后距是指表格的前面和表格的后面离文字或周围其他对象的距离。

● **表格线绘制顺序**：可以从下列选项中选择绘制顺序。

最佳连接：若选择该选项，则在不同颜色的描边交叉点处行线将显示在上面。

行线在上：若选择该选项，行线会显示在上面。

列线在上：若选择该选项，列线会显示在上面。

InDesign 2.0兼容性：若选择该选项，行线会显示在上面。

图7-66和图7-67为设置"表外框"选项和"表间距"选项的效果图。

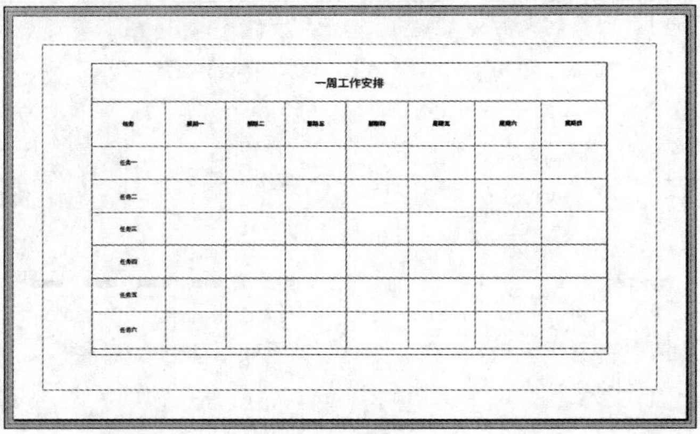

图 7-66

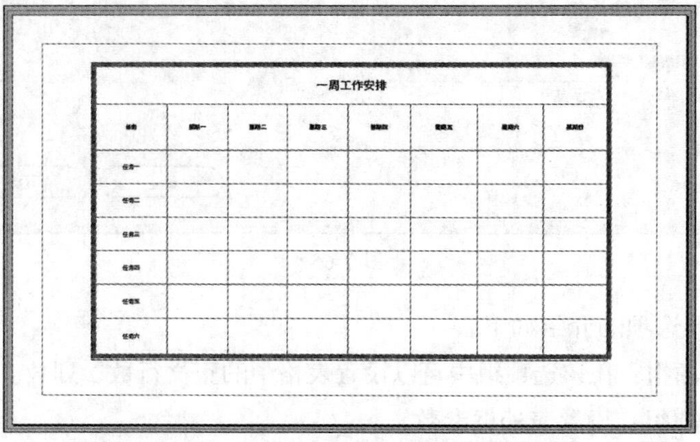

图 7-67

■7.3.2 行线

若要设置行线的参数样式，需在 "表选项"对话框中单击"行线"选项卡，然后设置参数，如图7-68和图7-69所示。

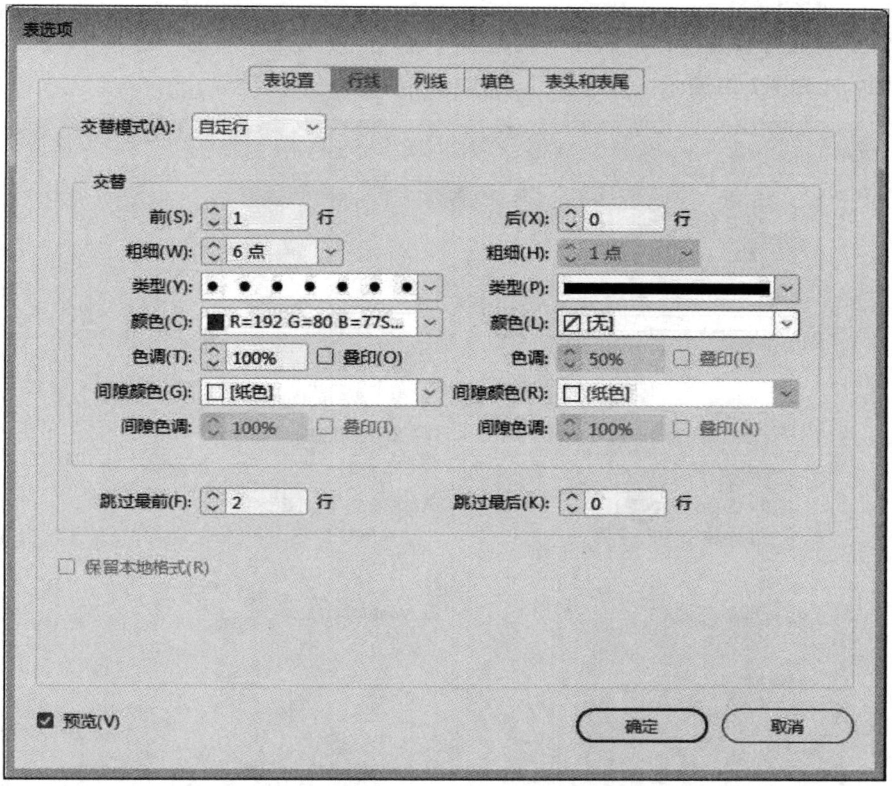

图 7-68

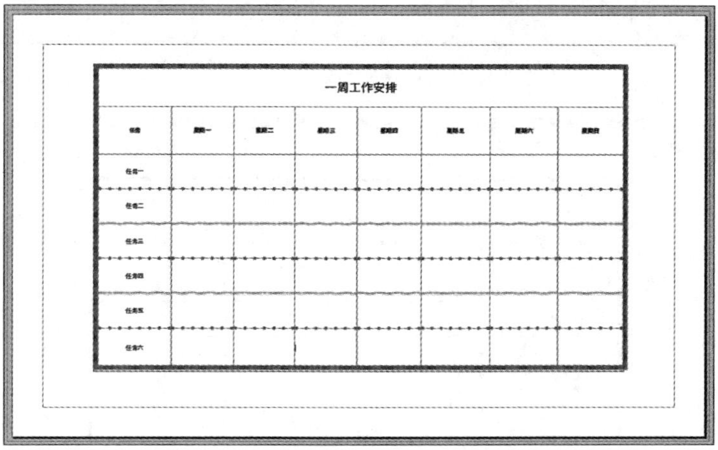

图 7-69

该对话框中主要选项的介绍如下。

● **交替模式**：选择要使用的类型。
● **"交替"选项组**：为第1种模式和第2种模式设置填色选项。

- **跳过最前/跳过最后**：设置表的开始和结束处不希望其中显示描边属性的行数。
- **保留本地格式**：勾选该复选框，保留原表格式。

■7.3.3 列线

若要设置列线的参数样式，需在"表选项"对话框中单击"列线"选项卡，然后设置参数即可，如图7-70和图7-71所示。

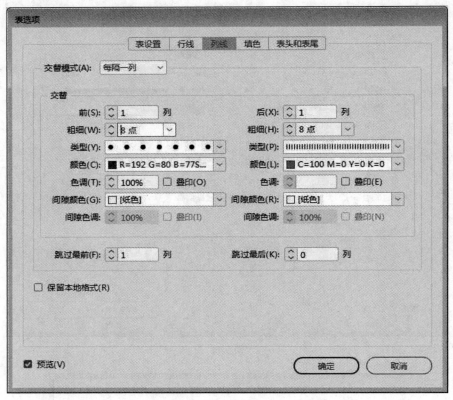

图 7-70

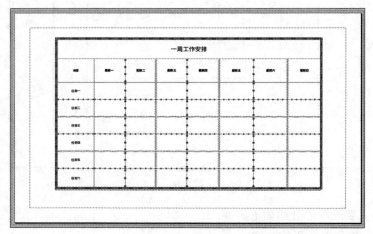

图 7-71

■7.3.4 填色

在"表选项"对话框中不仅可以设置描边，还可以设置填色参数。在"表选项"对话框中单击"填色"选项卡，然后设置参数即可，如图7-72和图7-73所示。

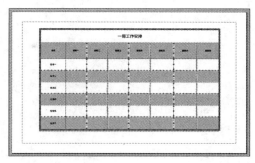

图 7-72   图 7-73

> ❗ **提示**：若要删除表中的描边和填色，可执行"视图"→"其他"→"显示框架边缘"命令，以显示表的单元格边界。

■7.3.5 表头和表尾

在表格制作过程中，可通过以下方法增加表格的表头、表尾。

使用"文字工具"在要增加表头、表尾的表格中单击任意单元格，定位光标位置。执行"表"→"表选项"→"表头和表尾"命令，在弹出的"表选项"对话框中设置参数，单击"确定"按钮即可，如图7-74所示。

图 7-74

7.4 单元格设置

在"单元格选项"对话框中可以对单元格选项进行相应设置，使表格形式更加美观、内容更加丰富。

■7.4.1 文本

使用"文字工具"选择要编辑的单元格，执行"表"→"单元格选项"→"文本"命令，弹出"单元格选项"对话框，如图7-75和图7-76所示。

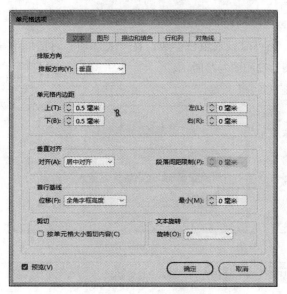

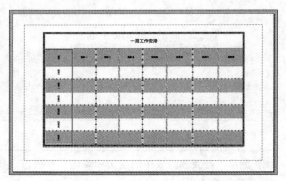

图 7-75　　　　　　　　　　　　　　　　　　　　图 7-76

该对话框中主要选项的介绍如下。

- **排版方向**：在下拉列表框中选择"水平"或"垂直"文字方向。
- **"单元格内边距"选项组**：为"上""下""左""右"设置参数。
- **对齐**：在下拉列表框中选择一种对齐设置，包括"上对齐""居中对齐""下对齐""垂直对齐"和"两端对齐"。若选择"两端对齐"，需设置"段落间距限制"。
- **位移**：在下拉列表框中选择一个选项来决定文本将如何向单元格顶部位移。
- **按单元格大小剪切内容**：勾选此复选框，剪切的内容在单元格内，框外的部分被剪切。
- **旋转**：指定旋转单元格中文本的角度。

■ 7.4.2　描边和填色

若要对单元格的描边和填色进行设置，可使用"文字工具"选中需要编辑的单元格，执行"表"→"单元格选项"→"描边和填色"命令，弹出"单元格选项"对话框，从中设置即可，如图7-77和图7-78所示。

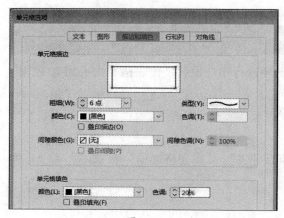

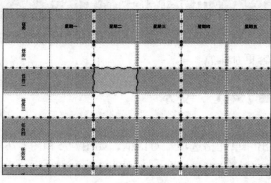

图 7-77　　　　　　　　　　　　　　　　　　　　图 7-78

■ 7.4.3 行和列

若要对单元格的行和列进行设置，可使用"文字工具"选中需要编辑的行和列，执行"表"→"单元格选项"→"行和列"命令，弹出"单元格选项"对话框，从中设置即可，如图7-79和图7-80所示。

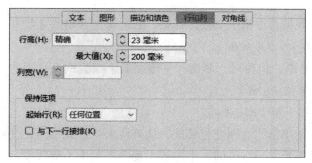

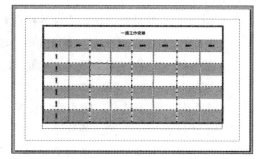

图 7-79   图 7-80

■ 7.4.4 对角线

若要对单元格的对角线进行设置，可使用"文字工具"选中需要编辑的单元格，执行"表"→"单元格选项"→"对角线"命令，弹出"单元格选项"对话框，从中设置即可，如图7-81和图7-82所示。

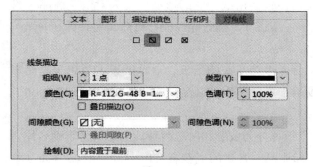

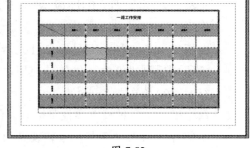

图 7-81   图 7-82

该对话框中主要选项的介绍如下。

● **对角线类型**：单击对角线样式按钮可选择对角线类型，按钮分别为"无对角线"□、"从左上角到右下角的对角线"◩、"从右上角到左下角的对角线"◪和"交叉对角线"⊠。

● **"线条描边"选项组**：设置对角线的粗细、类型、颜色和间隙，设置"色调"百分比和"叠印描边"选项。

● **绘制**：选择"内容置于最前"选项可以将对角线的位置放在单元格内容的后面，选择"对角线置于最前"选项可以将对角线放置在单元格内容的前面。

经验之谈 印刷中纸张的选择

印刷用纸主要由纤维、填料、胶料、色料4种主要原料混合制浆、抄造而成。国内常用的印刷用纸可分为铜版纸、胶版纸、商标纸、牛皮纸、瓦楞纸、新闻纸、玻璃纸、白板纸、白卡纸、不干胶等。

- **铜版纸**：表面光泽好，适合各种色彩效果，多用于烟盒、标签、纸盒等。常用的克数有100、157、200、250、300、400、450（单位：g/m^2）。

- **胶版纸**：也称"双胶纸"，纸面洁白光滑，但白度、紧度、平滑度低于铜版纸。常用的克数有60、70、80、90、100、120（单位：g/m^2）。

- **商标纸**：纸面洁白，印刷性能良好，用于制作商标标志。

- **牛皮纸**：质地坚韧、强度大、纸面呈黄褐色的高强度包装纸，从外观上可分成单面光、双面光、有条纹、无条纹等品种，质量要求稍有不同。牛皮纸主要用于制作小型纸袋、文件袋和工业品、纺织品、日用百货的内包装。常用的克数有60、70、80、100、120（单位：g/m^2）。

- **瓦楞纸**：在生产过程中被压制成瓦楞形状，纸面平整，厚薄一致，常用于包装。

- **新闻纸**：纸质轻、富有弹性，油墨固着在纸面上，不起毛，使印迹清晰而饱满，常用于报刊、书籍。不宜长期存放，时间过长会发黄变脆，抗水性能差，不宜书写。

- **玻璃纸**：一种广泛应用的内衬纸和装饰性包装用纸。它的透明性使人对内装商品一目了然，表面涂塑后还具有防潮、不透水、不透气、热封等性能，对商品起到良好的保护作用。

- **白板纸**：是一种正面呈白色且光滑、背面多为灰底的纸板，这种纸板主要用于单面彩色印刷后制成纸盒，供包装使用，或用于设计、手工制品。常用的克数有250、300、350、400（单位：g/m^2）。

- **白卡纸**：是一种较厚实且坚挺的白色卡纸，分为黄芯和白芯两种，主要用于印刷名片、明信片、请柬、证书及包装装潢用的印刷品。常用的克数有250、300、350、400（单位：g/m^2）。

- **不干胶**：背面背胶，纸张较薄，分为镜面、铜版、书写不干胶等，其粘性有差异，主要用于商标贴、包装等。常用的克数有70、80、90、100、120（单位：g/m^2）。

上手实操

实操一：制作课程表

制作课程表，如图7-83所示。

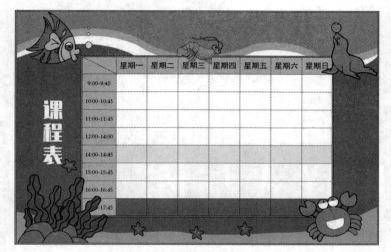

图 7-83

设计要领

- 使用“钢笔工具”和“矩形工具”，绘制装饰物。
- 输入表内容，转换为表格并进行设置。

实操二：制作个人简历

制作个人简历，如图7-84所示。

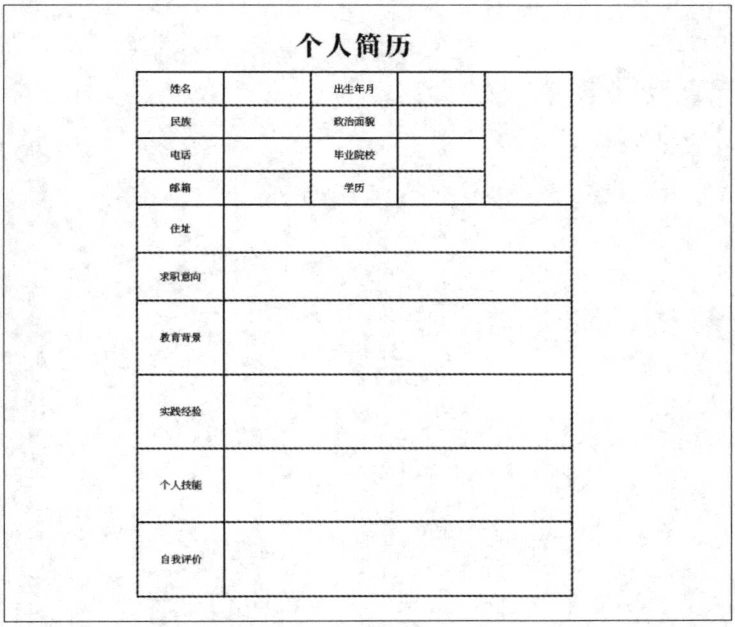

个人简历

姓名		出生年月		
民族		政治面貌		
电话		毕业院校		
邮箱		学历		
住址				
求职意向				
教育背景				
实践经验				
个人技能				
自我评价				

图 7-84

设计要领

- 输入表内容并转换为表格。
- 更改表格设置。

第8章
应用样式与库

　　本章主要介绍InDesign中的样式与库。当需要对多个字符应用相同的属性时，可以创建字符样式；当需要对段落应用相同的属性时，可以创建段落样式；当需要对多个对象应用相同的属性时，可以创建对象样式。

知识要点

- 字符样式的创建。
- 段落样式的创建。
- 表样式的创建。
- 对象样式的创建。
- 对象库的创建。

数字资源

【本章案例素材来源】："素材文件\第8章"目录下
【本章案例最终文件】："素材文件\第8章\案例精讲\制作消防宣传三折页.indd"

案例精讲 制作消防宣传三折页

案／例／描／述

　　本案例主要讲解制作消防宣传三折页。三折页也叫"风琴折"，在生活中随处可见，本案例制作的是以红色为主色、文字为主、图像为辅的消防宣传页。

　　在实操中主要用到的知识点有新建文档、置入文件、文字工具、矩形工具、框架工具、"字符"面板、"段落"面板、段落样式等。

扫码观看视频

案／例／详／解

　　下面将对案例的制作过程进行详细讲解。

图 8-1

步骤01 执行"文件"→"新建"→"文档"命令，在弹出的"新建文档"对话框中设置参数，如图8-1所示，单击"边距和分栏"按钮。

步骤02 在弹出的"新建边距和分栏"对话框中设置参数，如图8-2所示。

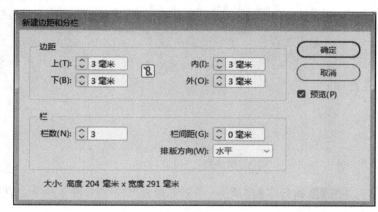

图 8-2

步骤03 新建的空白文档如图8-3所示。

步骤04 选择"矩形框架工具"，绘制矩形框架，如图8-4所示。

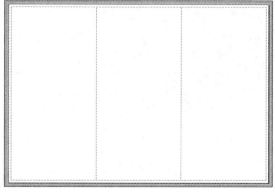

图 8-3

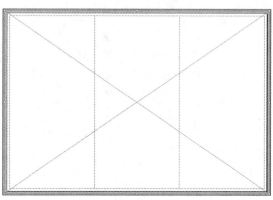

图 8-4

步骤 05 执行"文件"→"置入"命令，置入素材"消防.jpg"，如图8-5所示。

步骤 06 单击控制面板中的"按比例填充框架" ■ 按钮，并调整透明度 ⊠ 12% ，如图8-6所示。

图 8-5   图 8-6

步骤 07 执行"文件"→"置入"命令，置入素材"火.png"并调整至合适大小与位置，如图8-7所示。

步骤 08 选择"文字工具"，创建文本框并输入文字，如图8-8所示。

图 8-7   图 8-8

步骤 09 执行"窗口"→"文字和表"→"字符"命令，在弹出的"字符"面板中设置参数，如图8-9所示。

步骤 10 在控制面板中设置其颜色参数，如图8-10所示。

图 8-9   图 8-10

步骤 **11** 按住Alt键复制文本框，并更改其文字，如图8-11所示。

步骤 **12** 调整其位置，如图8-12所示。

图 8-11 图 8-12

步骤 **13** 打开"文案.txt"并复制文字。在InDesign中选择"文字工具"，创建文本框并粘贴文字，如图8-13所示。

步骤 **14** 在"字符"面板中设置参数，如图8-14所示。

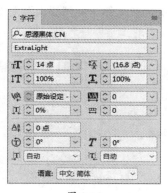

图 8-13 图 8-14

步骤 **15** 执行"窗口"→"文字和表"→"段落"命令，在弹出的"段落"面板中设置参数，如图8-15所示。

步骤 **16** 执行"窗口"→"样式"→"段落样式"命令，在弹出的"段落样式"面板中单击右下角的"创建新样式"按钮，创建"段落样式1"，如图8-16所示。

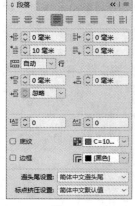
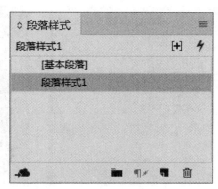

图 8-15 图 8-16

步骤 **17** 选择"矩形工具",绘制圆角矩形,如图8-17所示。

步骤 **18** 选择"文字工具",创建文本框并输入文字,如图8-18所示。

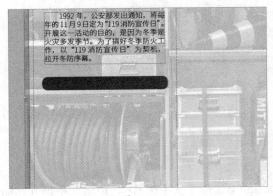
图 8-17

图 8-18

步骤 **19** 按住Alt键复制圆角矩形和文字,更改文字内容,并移至图8-19所示的位置。

步骤 **20** 执行"文件"→"置入"命令,置入素材"消防标志.png"并调整至合适大小与位置,如图8-20所示。

图 8-19

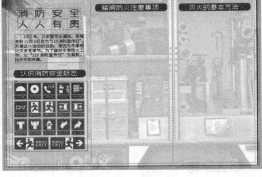
图 8-20

步骤 **21** 打开"文案.txt"并复制文字。在InDesign中选择"文字工具",创建文本框并粘贴文字,如图8-21所示。

步骤 **22** 选中段落文字,单击"段落样式"面板中的"段落样式1",效果如图8-22所示。

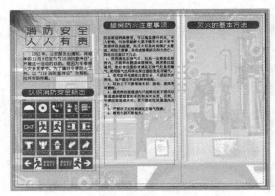
图 8-21

图 8-22

步骤23 打开"文案.txt"并复制文字。在InDesign中选择"文字工具",创建文本框并粘贴文字,如图8-23所示。

步骤24 选中段落文字,单击"段落样式"面板中的"段落样式1",效果如图8-24所示。

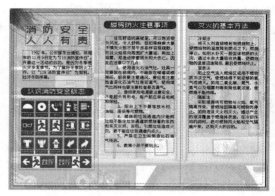

图 8-23 图 8-24

步骤25 选中文字"冷却法",在"字符"面板中更改参数,如图8-25所示。

步骤26 在"段落"面板更改参数,如图8-26所示。

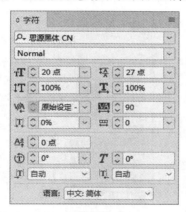

图 8-25 图 8-26

步骤27 在控制面板中更改字体颜色,如图8-27所示。

步骤28 选中文字后在"段落样式"面板中单击"创建新样式"按钮,创建"段落样式2",如图8-28所示。

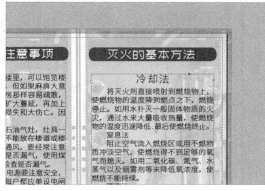

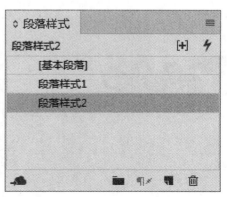

图 8-27 图 8-28

步骤**29** 分别选中文本"窒息法"和"隔离法",在"段落样式"面板中单击"段落样式2",效果如图8-29所示。

步骤**30** 执行"文件"→"置入"命令,置入素材"消防员.png"并调整至合适大小与位置,效果如图8-30所示。

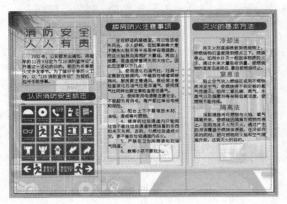

图 8-29

图 8-30

步骤**31** 执行"文件"→"置入"命令,置入素材"消防车.png"并调整至合适大小与位置,效果如图8-31所示。

步骤**32** 最终效果如图8-32所示。

图 8-31

图 8-32

至此,完成消防宣传三折页的制作。

边用边学

8.1 字符样式

字符样式是可以应用于文本的一系列字符格式属性的集合。使用"字符样式"面板可以创建、命名字符样式，并将其应用于段落内的文本。每次打开该文档时，它们都会显示在面板中。

■ 8.1.1 创建字符样式

执行"窗口"→"样式"→"字符样式"命令，弹出"字符样式"面板，如图8-33所示。单击"字符样式"面板右上角的"菜单"按钮，在弹出的菜单中选择"新建字符样式"选项，弹出"新建字符样式"对话框，如图8-34所示。

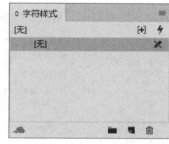

图 8-33

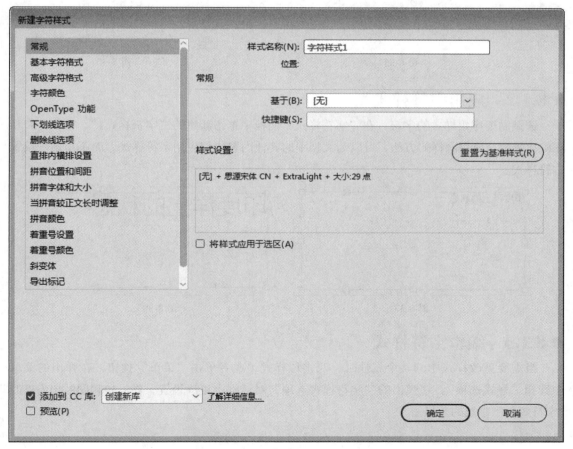

图 8-34

该对话框中主要选项的介绍如下。

- **样式名称**：在文本框中输入样式名称。
- **基于**：在其下拉列表框中选择当前样式所基于的样式。
- **快捷键**：添加键盘快捷键，将光标放在"快捷键"文本框中，打开NumLock键，按Shift、Alt和Ctrl键的任意组合来定义样式快捷键。
- **将样式应用于选区**：勾选此复选框，可将样式应用于选定的文本。

在对话框的左侧单击"基本字符格式"选项，此时在右侧可以设置此样式中具有的基本字符格式，如图8-35所示。用同样的方法，还可以在此对话框中分别设置字符的其他属性，如高级字符格式、字符颜色、着重号设置、着重号颜色等，设置完成后单击"确定"按钮，在"字符样式"面板中可看到新建的字符样式，如图8-36所示。

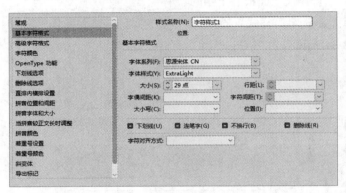

图 8-35

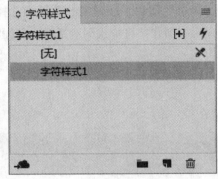

图 8-36

■ 8.1.2 应用字符样式

选择需要应用样式的字符，在"字符样式"面板中单击新建的"字符样式1"，如图8-37和图8-38所示。使用同样的方法，可以为文档中的其他内容快捷应用字符样式，而不用逐一设置字符样式。

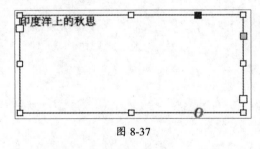

图 8-37

图 8-38

■ 8.1.3 编辑字符样式

当需要更改样式中的某个属性时，双击该样式，或者单击"菜单"按钮，在弹出的菜单中选择"样式选项"，在弹出的"字符样式选项"对话框中更改设置，图8-39和图8-40为更改"字符颜色"参数的效果图。

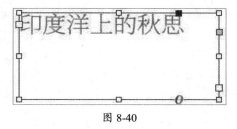

图 8-39　　　　　　　　　　　　　　　　　　　　　　图 8-40

■ 8.1.4　复制与删除字符样式

在"字符样式"面板中，选中样式并将其拖至"创建新样式" 🔳 按钮上，或者单击"菜单"按钮，在弹出的菜单中选择"直接复制样式"选项，在弹出的对话框中设置参数，单击"确定"按钮。在"字符样式"面板中，复制的样式为"字符样式1 副本"，如图8-41所示。

对于不需要的字符样式，可单击面板底部"删除选定样式/组" 🗑 按钮删除，弹出提示框，在该提示框中可以选择替换的样式，如图8-42所示。

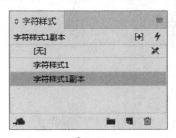

图 8-41

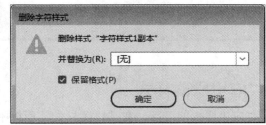

图 8-42

8.2　段落样式

段落样式包含字符和段落格式两个属性，并且可以应用于一个或多个段落。使用"段落样式"面板可以创建、命名段落样式，并将其应用于整个段落。样式随文档一同存储。

■ 8.2.1　创建段落样式

执行"窗口"→"样式"→"段落样式"命令，弹出"段落样式"面板，如图8-43所示。单击"段落样式"面板右上角的"菜单"按钮，在弹出的菜单中选择"新建段落样式"选项，弹出"新建段落样式"对话框，如图8-44所示。

新建段落样式的操作方法与字符样式的新建方法相同，在"新建段落样式"对话框中设置参数，单击"确定"按钮即可。

图 8-43

新建段落样式

常规	样式名称(N)： 段落样式1
基本字符格式	位置：
高级字符格式	缩进和间距
缩进和间距	
制表符	对齐方式(A)： 强制双齐
段落线	☐ 平衡未对齐的行(C)
段落边框	☐ 忽略视觉边距(I)
段落底纹	左缩进(L)： 0毫米 右缩进(R)： 0毫米
保持选项	首行缩进(F)： 0毫米 末行缩进(S)： 0毫米
连字	段前距(B)： 0毫米 段后距(T)： 0毫米
字距调整	段落之间的间距使用相同的样式(W)： 忽略
跨栏	
首字下沉和嵌套样式	
GREP 样式	
项目符号和编号	
字符颜色	
OpenType 功能	
下划线选项	
删除线选项	
自动直排内横排设置	
直排内横排设置	
拼音位置和间距	

☑ 预览(P)   确定   取消

图 8-44

■ 8.2.2　应用段落样式

选择需要应用样式的段落，在"段落样式"面板中单击新建的"段落样式1"，效果如图8-45和图8-46所示。使用同样的方法，可以为文档中的其他内容快捷应用段落样式，而不用逐一设置段落样式。

图 8-45   图 8-46

> ❗ **提示**：如果某个段落样式或字符样式已被应用到整个文档的不同文本框中，当只需修改某部分文字的属性（此时该样式名称的后面会标记一个"＋"）时，选择"重新定义样式"，则样式中的文字属性会变成与已修改的文字一样，同时整个文档中应用了该样式的文字也会改变，无须逐个修改。

■ 8.2.3 编辑段落样式

　　编辑段落样式和编辑字符样式的方法类似，在"段落样式"面板中双击需要更改的段落样式，或右键单击要更改的段落样式，在弹出的快捷菜单中选择"编辑'段落样式1'"选项，即可弹出对话框重新编辑。图8-47和图8-48为更改"段落底纹"参数的效果图。

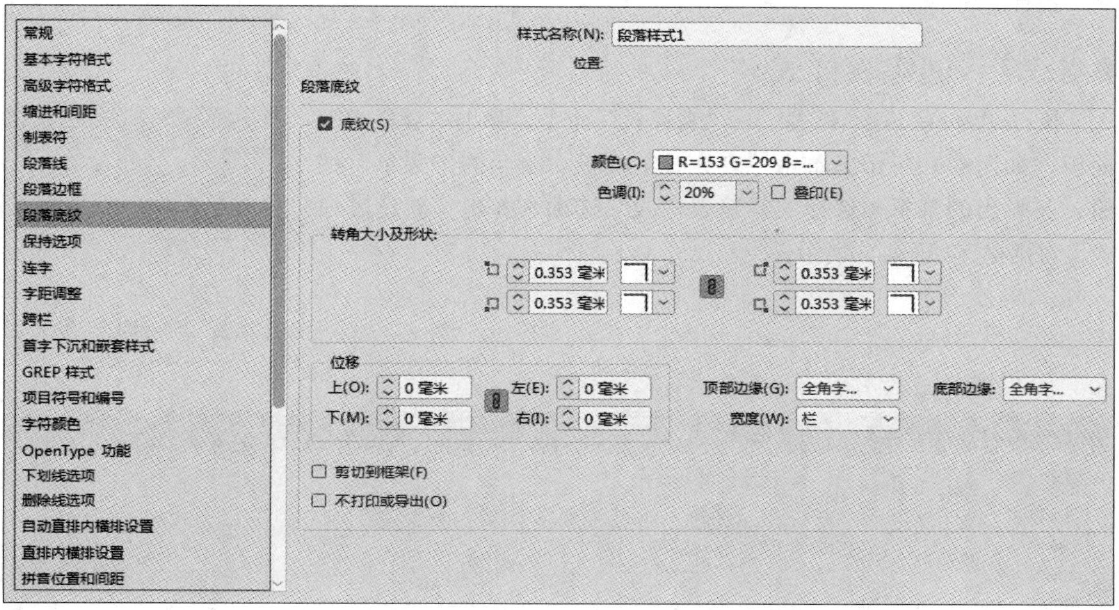

图 8-47

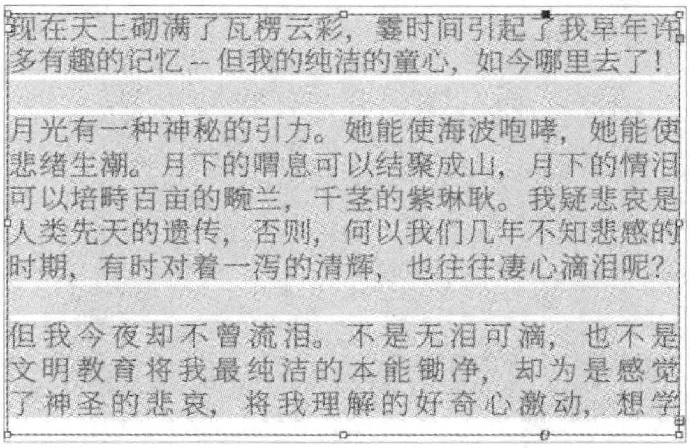

图 8-48

8.3 表样式

使用表样式，可以轻松便捷地设置表的格式，就像使用段落样式和字符样式设置文本的格式一样。表样式能够控制表的视觉属性，包括表边框、表前间距和表后间距、行描边和列描边以及交替填色模式。

■ 8.3.1 创建表样式

执行"窗口"→"样式"→"表样式"命令，弹出"表样式"面板，如图8-49所示。单击"表样式"面板右上角的"菜单"按钮，在弹出的菜单中选择"新建表样式"选项，弹出"新建表样式"对话框，如图8-50所示。

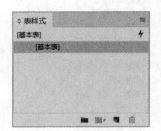

图 8-49

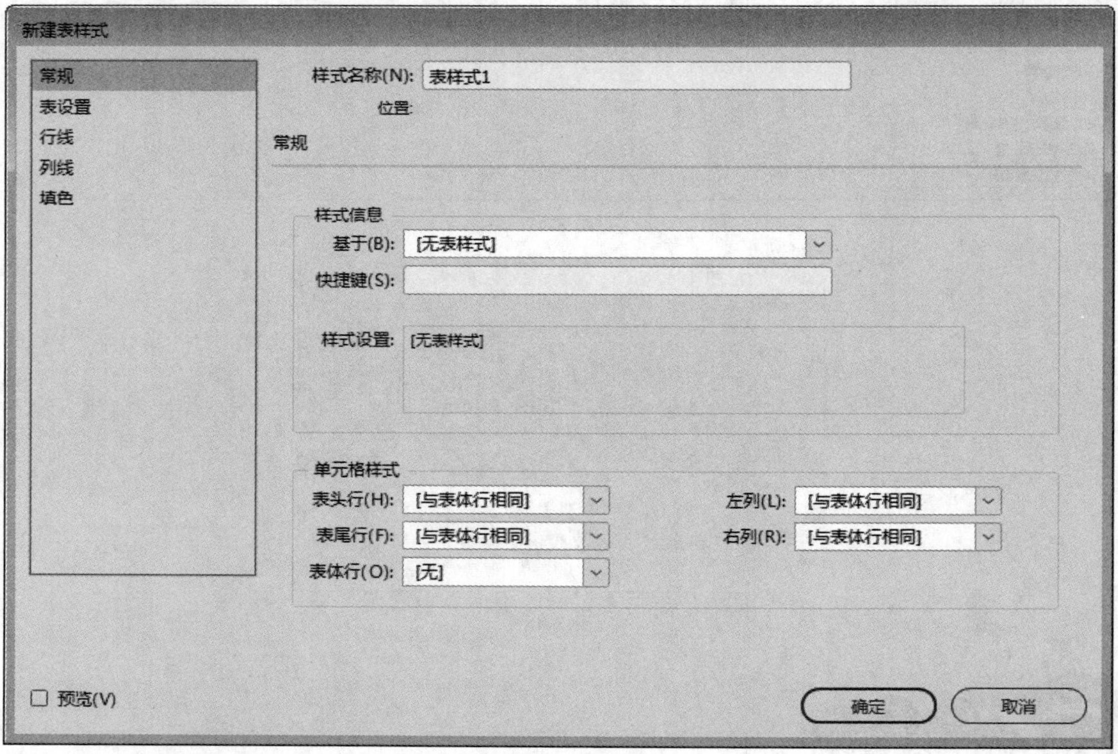

图 8-50

在"新建表样式"对话框中可以对"表设置""行线""列线"和"填色"的参数进行设置。设置完成后单击"确定"按钮即可。图8-51和图8-52为设置"填色"参数的情况。

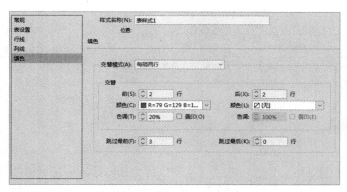

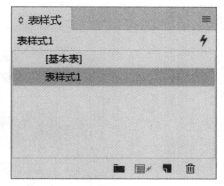

图 8-51   图 8-52

8.3.2 应用表样式

选择需要应用表样式的表格，在"表样式"面板中单击新建的"表样式1"，效果对比如图8-53和图8-54所示。

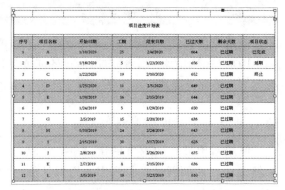

图 8-53   图 8-54

8.3.3 编辑表样式

双击"表样式"面板中要编辑的样式或在要编辑的样式上单击右键，在弹出的快捷菜单中选择"编辑'表样式1'"选项，即可弹出对话框重新编辑。图8-55和图8-56为更改"表设置"参数的效果图。

图 8-55

项目进度计划表							
序号	项目名称	开始日期	工期	结束日期	已过天数	剩余天数	项目状态
1	A	1/10/2020	25	2/4/2020	664	已过期	已完成
2	B	1/18/2020	5	1/23/2020	656	已过期	延期
3	C	1/22/2019	19	2/10/2020	652	已过期	终止
4	D	1/25/2019	11	2/5/2020	649	已过期	
5	E	1/30/2019	16	2/15/2019	644	已过期	
6	F	1/24/2019	5	1/29/2019	650	已过期	
7	G	2/5/2019	15	2/20/2019	638	已过期	
8	H	1/31/2019	24	2/24/2019	643	已过期	
9	I	2/15/2019	30	3/17/2019	628	已过期	
10	J	2/8/2019	18	2/26/2019	635	已过期	
11	K	2/7/2019	8	2/15/2019	636	已过期	

图 8-56

8.4 对象样式

使用对象样式能将格式应用于图形、文本和框架。在"对象样式"面板中可以快速设置文档中图形与框架的格式，还可以添加透明度、投影、内阴影、外发光、内发光、斜面和浮雕等效果。对象样式同样也可以为对象、描边、填色和文本分别设置不同的效果。

■ 8.4.1 创建对象样式

使用对象样式面板可创建、命名和应用对象样式。对于每个新文档，该面板最初将列出一组默认的对象样式。执行"窗口"→"样式"→"对象样式"命令，弹出"对象样式"面板，如图8-57所示。

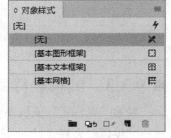

图 8-57

该面板中主要选项的介绍如下。

● **基本图形框架**□：标记图形框架的默认样式。

● **基本文本框架**□：标记文本框架的默认样式。

● **基本网格**□：标记网格框架的默认样式。

单击"对象样式"面板右上角的"菜单"按钮，在弹出的菜单中选择"新建对象样式"选项，弹出"新建对象样式"对话框，如图8-58所示。

该对话框中主要选项的介绍如下。

● **"基本属性"选项组**：选择包含要定义的选项的任何附加类别，并根据需要设置选项。单击每个类别左侧的复选框，可以指示在样式中是打开还是忽略此类别。使用"文章选项"类别可指定网格对象样式的排版方向、框架类型和命名网格。命名网格并存储可以将其应用于任何框架网格的设置。

● **"效果"选项组**：在下拉列表中可选择"对象""描边""填色"或"文本"。选择效果种类并进行设置，单击每个类别左侧的复选框，以指示要在样式中打开还是忽略此类别。

● **"导出选项"选项组**：选择一个选项并为该选项指定导出参数。可以定义置入图像和图形的替换文本。对于已标记的PDF，可以应用标记和实际文本设置。对于HTML和EPUB文件，可以为每个对象指定不同的转换设置，这样它们在不同大小和像素密度的屏幕下都能很好地呈现出来。

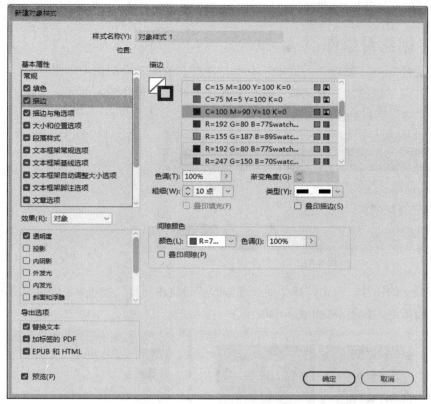

图 8-58

❗ 提示：使用"常规"下的"基于"选项，可以将样式相互链接，以便一种样式中的变化可以反映到基于它的子样式中。更改子样式的设置后，如果重新设置，需单击"重置为基准样式"按钮。

■ 8.4.2 应用对象样式

如果将对象样式应用于一组对象，则该对象样式将应用于对象组中的每个对象。若要为一组对象应用对象样式，需将这些对象嵌套在一个框架内。选择对象、框架或组，在"对象样式"面板中单击新建"基本图形框架"即可，应用效果如图8-59和图8-60所示。

图 8-59

图 8-60

8.5 对象库

对象库在磁盘上是以文件的形式存在的。创建对象库时，可指定其存储位置。库在打开后将显示为面板形式，可以与任何其他面板编组，对象库的文件名显示在它的面板选项卡中。

■ 8.5.1 创建对象库

执行"文件"→"新建"→"库"命令，在打开的提示对话框中单击"否"按钮，如图8-61所示。打开"新建库"对话框，选择新建库的存储位置并输入文件名，单击"确定"按钮，新建的"库"面板如图8-62所示。

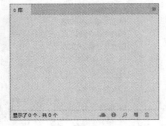

图 8-61　　　　　　　　　　　　　　　图 8-62

选择页面上的图片，单击"库"面板底部的"新建库项目"按钮，即可将选择的图像添加到"库"面板中，如图8-63和图8-64所示。

图 8-63　　　　　　　　　　　　　　　图 8-64

■ 8.5.2 应用对象库

若要将存储在对象库中的对象置入到文档中，可以在"库"面板中单击"菜单"按钮，在弹出的菜单中选择"置入项目"选项，也可以直接将库项目拖动到文档页面中，如图8-65和图8-66所示。

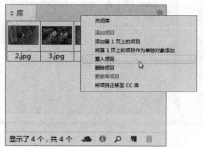

图 8-65　　　　　　　　　　　　　　　图 8-66

■ 8.5.3 管理库中的对象

"库"中已经存在的对象可以对其进行显示、修改、删除的操作。

1. 显示或修改库项目信息

在"库"面板中双击图像，在弹出的"项目信息"对话框中可以更改项目信息。使用同样的方法可以加入其他的对象库，如图8-67和图8-68所示。

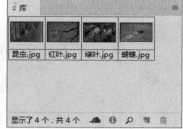

图 8-67 图 8-68

2. 显示库子集

若"库"面板中含有大量对象时，可以使用"显示子集"选项来快速查找指定对象，单击面板底部的"显示库子集" ♀ 按钮，或单击面板中的"菜单"按钮，在弹出的菜单中选择"显示子集"选项，弹出"显示子集"对话框，如图8-69所示。

该对话框中各选项的介绍如下。

图 8-69

- **搜索整个库**：选中该单选按钮，搜索整个库中的项目。

- **搜索当前显示的项目**：选中该单选按钮，仅在当前列出的对象中搜索。

- **参数**：在第1个下拉列表框中选择一个类别，在第2个下拉列表框中指定"包含"或"不包含"前面选择的类别，在最右侧文本框中输入要在指定类别中搜索的单词或短语。

- **更多选择**：每单击一次该按钮，可以添加一个搜索项，最多可单击5次。

- **较少选择**：若要删除搜索条件，单击该按钮。每单击一次，删除一个搜索项。

查找到指定对象时，系统会自动隐藏其他对象，如图8-70所示。若要再次显示所有对象，只需单击面板中的"菜单"按钮，在弹出的菜单中选择"显示全部"选项即可，如图8-71所示。

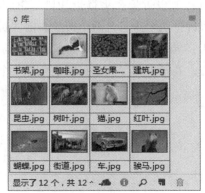

图 8-70 图 8-71

经验之谈 宣传折页的种类

宣传折页主要是指彩色印刷的单张折页，一般是为扩大影响力而做的一种纸质宣传材料，是一种以传统媒体为基础的纸质宣传广告。折页有二折、三折、四折、五折、六折等，如图8-72和图8-73所示。若总页数不多，又不方便装订时可以做成折页。为提升审美性，或便于内容分类，也可以做成小折页。

图 8-72

图 8-73

宣传折页可以分为8种折法：风琴折、普通折、特殊折、对门折、地图折、平行折、海报折、卷轴折。

- **风琴折**：种类繁多，应用十分广泛。折成的形状像"之"字形。
- **普通折**：非常简单和常见的折叠方法。这类折法非常适用于请柬、广告和小指南，预算较低、操作简单。
- **特殊折**：创新的折法，没有固定的样式，大部分都需要使用特殊的折页机或是手工操作，预算较高。
- **对门折**：对称的折法，将两个或更多的页面从相反的面向中心折去。
- **地图折**：地图折和风琴折类似，它是由几个风琴折组成，展开时是一张大的连续的页面，同时还要再对折、三折或四折，所以地图折以"层"来命名，对折的称为双层地图折，三折的称为三层地图折，四折的称为四层地图折。
- **平行折**：每一页都是平行放置的。该种方法有简单的，也有复杂的，种类繁多，几乎适用于任何情形。
- **海报折**：海报折是在平行折和风琴折的基础上发展来的，因其展开时像一张海报而得名。该种折法至少包含两个折叠，前一折是平行折，后一折是风琴折。
- **卷轴折**：卷轴折包含4个或更多的页面，依次向内折，所以页面宽度必须逐渐减少以便于折叠。卷轴折的优点之一就是允许多个页面，且能节省空间。

上手实操

实操一：制作宣传折页

制作宣传折页，如图8-74所示。

图 8-74

设计要领

● 绘制框架。
● 输入文字并置入图像。
● 绘制表格并进行设置。

实操二：制作餐厅宣传折页

制作餐厅宣传折页，如图8-75所示。

图 8-75

设计要领

● 绘制框架与图形。
● 置入图像。
● 输入文字并进行设置。

你学会了吗？

第**9**章

管理版面

内容概要

本章主要介绍InDesign中的版面管理。版面管理是排版工作中最基本的技能，单独的文档排版没有版面管理的需求，但是编辑多文档画册或书籍的时候，版面管理工作则是非常必要的。

知识要点

- 页面或跨页的编辑。
- 主页的创建与应用。
- 版面的设置。
- 目录的创建。

数字资源

【本章案例素材来源】："素材文件\第9章"目录下

【本章案例最终文件】："素材文件\第9章\案例精讲\制作报纸版面.indd"

案例精讲 制作报纸版面

案／例／描／述

　　本案例主要讲解制作报纸版面，主要包括头版和最后一版的设置，文字为主，图片为辅。在大量文字排版时，文字一般选择可视性高的、便于阅读的字体和字号。

　　在实操中主要用到的知识点有新建文件、置入图像、文字工具、段落样式、矩形工具、图形框架、串接文本等。

案／例／详／解

　　本案例主要分为两部分，一部分是制作头版，另一部分是制作最后一版（即24版），下面将对案例的制作过程进行详细讲解。

扫码观看视频

1. 制作头版

图 9-1

步骤01 执行"文件"→"新建"→"文档"命令，在弹出的"新建文档"对话框中设置参数，如图9-1所示，单击"边距和分栏"按钮。

步骤02 在弹出的"新建边距和分栏"对话框中设置参数，如图9-2所示。

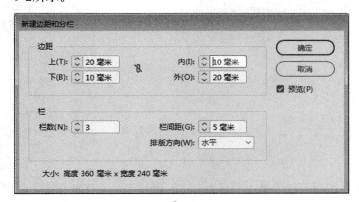

图 9-2

步骤03 新建的空白文档如图9-3所示。

步骤04 选择"矩形工具"，绘制矩形并填充颜色，如图9-4所示。

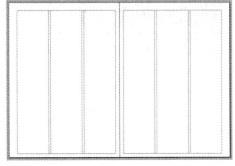

图 9-3

图 9-4

步骤 **05** 选择"文字工具",绘制文本框并输入文字,如图9-5所示。

步骤 **06** 选择"矩形工具",绘制矩形并设置描边参数,如图9-6所示。

图 9-5

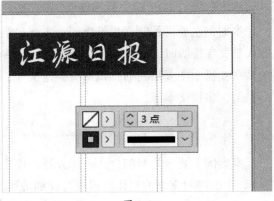

图 9-6

步骤 **07** 选择"文字工具",绘制文本框并输入文字,如图9-7所示。

步骤 **08** 在"字符"面板中设置参数,如图9-8所示。

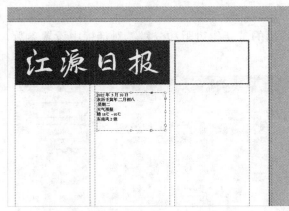

图 9-7

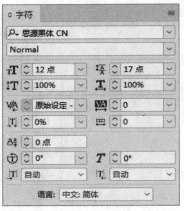

图 9-8

步骤 **09** 在控制面板中单击"居中对齐"▤按钮,并移至合适的位置,如图9-9所示。

步骤 **10** 选择"矩形工具",绘制矩形并填充颜色,如图9-10所示。

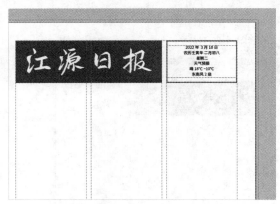

图 9-9

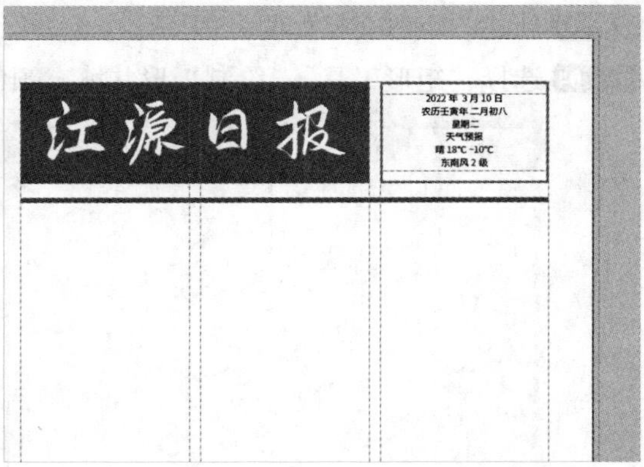

图 9-10

步骤 11 选择"文字工具",绘制文本框并输入文字,如图9-11所示。

步骤 12 选择"文字工具",绘制文本框并输入文字,如图9-12所示。

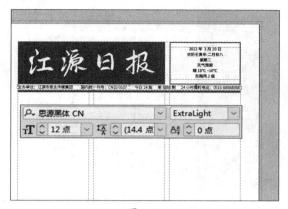

图 9-11

图 9-12

步骤 13 选择"文字工具",绘制文本框并输入文字,如图9-13所示。

步骤 14 选择"直线工具",按住Shift键绘制直线,并在控制面板中设置参数,如图9-14所示。

图 9-13

图 9-14

步骤 15 选择"矩形框架工具",绘制矩形框架,如图9-15所示。

步骤 16 执行"文件"→"置入"命令,置入素材"树.jpg",如图9-16所示。

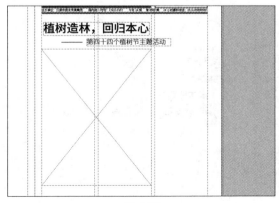

图 9-15

图 9-16

步骤17 执行"文件"→"置入"命令,置入素材"小树.png",如图9-17所示。

步骤18 选择"文字工具",绘制文本框并输入文字,如图9-18所示。

图 9-17　　　　　　　　　　　　　　图 9-18

步骤19 在"字符"面板中设置参数,如图9-19所示。

步骤20 在"段落"面板中设置参数,如图9-20所示。

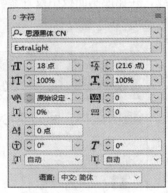

图 9-19　　　　　　　　　　　　　　图 9-20

步骤21 效果如图9-21所示。

步骤22 选中文字,按F11功能键,在弹出的"段落样式"面板中,单击"创建新样式"按钮,创建"段落样式1",如图9-22所示。

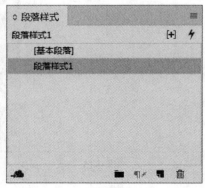

图 9-21　　　　　　　　　　　　　　图 9-22

步骤 **23** 选择"文字工具"，绘制文本框并输入文字，如图9-23所示。

步骤 **24** 在"字符"面板中设置参数，如图9-24所示。

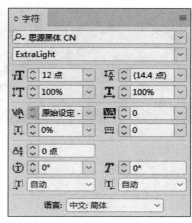

图 9-23　　　　　　　　　　　　　　　　　　　　图 9-24

步骤 **25** 在"段落"面板中设置参数，如图9-25和图9-26所示。

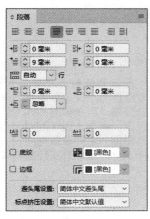

图 9-25　　　　　　　　　　　　　　　　　　　　图 9-26

步骤 **26** 选中设置的文字，在"段落样式"面板中单击"创建新样式" ▣按钮，创建"段落样式2"，如图9-27所示。

步骤 **27** 选中标题，在控制面板中更改参数，如图9-28所示。

图 9-27　　　　　　　　　　　　　　　　　　　　图 9-28

步骤 28 选择"文字工具"，绘制文本框并输入文字，如图9-29所示。

步骤 29 选中文本框，按住Alt键，水平复制两个，如图9-30所示。

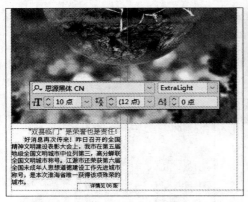

图 9-29

图 9-30

步骤 30 更改文字内容，如图9-31所示。

步骤 31 选中"详情见20版"文本框，按住Alt键，复制并更改文字内容，如图9-32所示。

图 9-31

扫码观看视频

图 9-32

2. 制作第24版

步骤 01 选中"江源日报"文本框，按住Alt键，复制并更改文字参数，如图9-33所示。

步骤 02 按住Alt键，复制矩形，如图9-34所示。

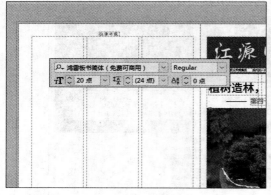

图 9-33

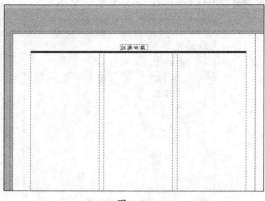

图 9-34

步骤 03 选择"矩形工具",绘制矩形,如图9-35所示。

步骤 04 选择"文字工具",输入文字,如图9-36所示。

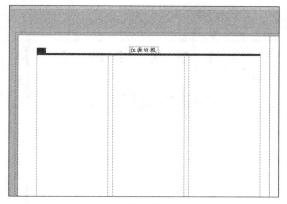

图 9-35

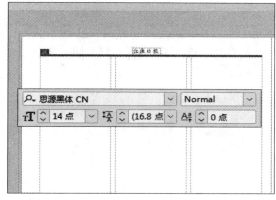

图 9-36

步骤 05 选择"文字工具",输入文字,如图9-37所示。

步骤 06 选择"文字工具",输入文字,如图9-38所示。

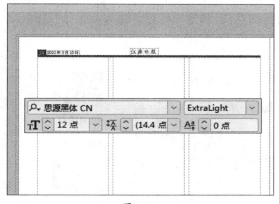

图 9-37

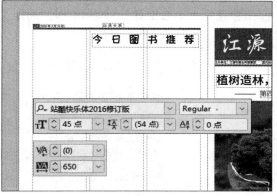

图 9-38

步骤 07 执行"文件"→"置入"命令,置入素材"书.png",如图9-39所示。

步骤 08 选择"直线工具",绘制直线并在控制面板中设置参数,如图9-40所示。

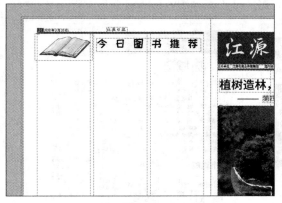

图 9-39

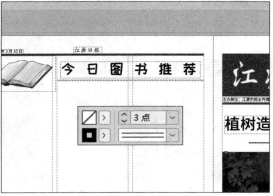

图 9-40

步骤09 选择"文字工具",输入文字,如图9-41所示。

步骤10 选择"文字工具",输入文字,在"段落样式"面板中单击"段落样式2",如图9-42所示。

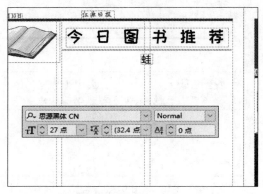
图 9-41

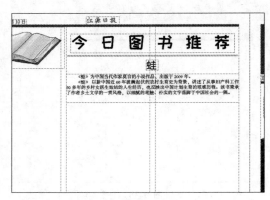
图 9-42

步骤11 使用步骤09和步骤10的方法,使用"文字工具"创建文本框,输入文字,并应用段落样式,如图9-43所示。

步骤12 选择"矩形工具",绘制矩形。选择"文字工具",创建文本框并输入文字,如图9-44所示。

图 9-43

图 9-44

步骤13 使用步骤09和步骤10的方法,使用"文字工具"创建文本框,输入文字,并应用段落样式,如图9-45所示。

步骤14 执行"文件"→"置入"命令,置入素材"猫.png",如图9-46所示。

图 9-45

图 9-46

步骤 15 按住Alt键，复制步骤08绘制的直线，如图9-47所示。

步骤 16 选择"直排文字工具"，创建文本框并输入文字，如图9-48所示。

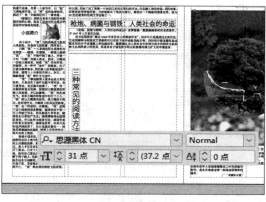

图 9-47 　　　　　　　　　　　　图 9-48

步骤 17 选择"文字工具"，创建文本框并输入文字，如图9-49所示。

步骤 18 单击红色加号⊞，将载入的文本图标▦放置到希望显示的新文本框架的位置，单击或拖动以创建一个新文本框架，如图9-50所示。

图 9-49 　　　　　　　　　　　　图 9-50

步骤 19 选中文字，单击"段落样式"中的"段落样式2"，如图9-51所示。

步骤 20 执行"文件"→"置入"命令，置入素材"书2.png"，如图9-52所示。

图 9-51 　　　　　　　　　　　　图 9-52

Adobe InDesign CC版式设计与制作

步骤 **21** 最终效果如图9-53所示。

图 9-53

至此，完成报纸版面的制作。

学习体会

边用边学

9.1 页面和跨页

页面是指单独的页面，是文档的基本组成部分。跨页是一组可同时显示的页面，例如在打开书籍或杂志时可以同时看到的两个页面。可以使用"页面"面板、页面导航栏或页面操作命令对页面进行操作，其中"页面"面板是页面的常用操作工具。

■ 9.1.1 "页面"面板

执行"窗口"→"页面"命令，弹出"页面"面板，如图9-54所示。

该面板中主要选项的介绍如下。

● **编辑页面大小** ：单击该按钮，可以对页面大小进行相应的编辑。

● **新建页面** ：单击该按钮，新建一个页面。

● **删除选中页面** ：选中要删除的页面，单击该按钮即可删除。

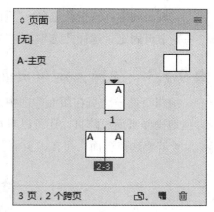

图 9-54

■ 9.1.2 更改页面显示

"页面"面板中提供了关于页面、跨页和主页的相关信息，以及对于它们的控制。默认情况下，只显示每个页面内容的缩览图。单击面板右上角的"菜单"按钮，在弹出的菜单中选择"面板选项"，弹出"面板选项"对话框，如图9-55所示。

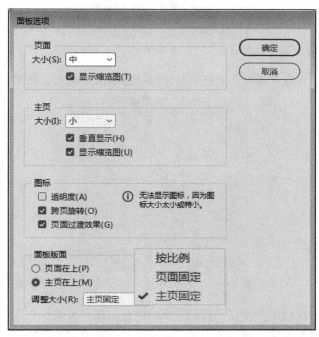

图 9-55

该对话框中主要选项的介绍如下。

- **大小**：在下拉列表框中设置页面和主页缩览图的大小。
- **显示缩览图**：勾选该复选框，可显示每一页的缩览图内容。
- **垂直显示**：勾选该复选框，主页垂直显示；取消勾选此复选框，主页并排显示。
- **图标**：在此选项组中可以对"透明度""跨页旋转""页面过渡效果"等进行设置。
- **面板版面**：设置面板版面的显示方式，可以选择"页面在上"或"主页在上"。
- **调整大小**：在该下拉列表中有3个选择。

  按比例：选择此选项，将同时调整面板的"页面"和"主页"部分的大小。

  页面固定：选择此选项，"页面"部分的大小不变，只调整"主页"部分的大小。

  主页固定：选择此选项，"主页"部分的大小不变，只调整"页面"部分的大小。

■ 9.1.3 选择、定位页面或跨页

编辑页面或跨页在版面管理中是最基本也是最重要的一部分。选择、定位页面或跨页可以方便地操作页面或跨页，还可以对页面或跨页中的对象进行编辑。

- 若要选择页面，可在"页面"面板中按住Ctrl键单击某一页面，如图9-56所示。

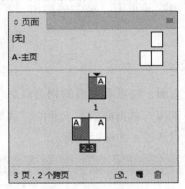

图 9-56

- 若要选择跨页，可在"页面"面板中按住Shift键单击某页面，如图9-57所示。

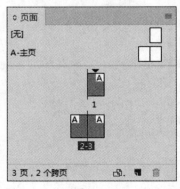

图 9-57

- 若要定位页面所在视图，可在"页面"面板中双击某一页面。
- 若要定位跨页所在视图，可在"页面"面板中双击跨页下的页码。

■ 9.1.4 创建多个页面

要添加页面并制定文档主页，可以在面板中单击"菜单"按钮，在弹出的菜单中选择"插入页面"选项，弹出"插入页面"对话框，从中设置即可，如图9-58和图9-59所示。

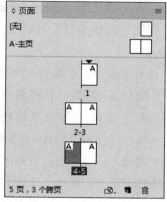

图 9-58   图 9-59

> ❗ **提示**：每个跨页最多包括10个页面，但是，大多数文档都只使用两页跨页。为确保文档只包含两页跨页，需单击面板中的"菜单"按钮，在弹出的菜单中选择"允许页面随机排布"选项，以防止意外分页。

■ 9.1.5 移动页面或跨页

将选中的页面或跨页图标拖到所需位置即可。在拖动时，竖条将指示释放该图标时页面显示的位置。若黑色的矩形或竖条接触到跨页，页面将扩展该跨页，否则文档页面将重新分布，如图9-60和图9-61所示。

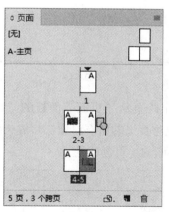 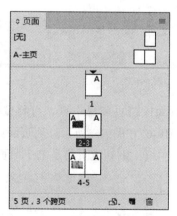

图 9-60   图 9-61

9.2 主页

主页的作用类似于模板，可以将其内容快速应用到页面中。主页通常包含重复的徽标、页码、页眉和页脚；还可以包含空的文本框架或图形框架，作为文档页面上的占位符。主页中的文本或图形对象，将显示在应用该主页的所有页面上，如页码、标题、页脚等。对主页进行的更改将自动应用到关联页面上。

■9.2.1 创建主页

在"页面"面板中单击"菜单"按
钮，在弹出的菜单中选择"新建主页"选
项，弹出"新建主页"对话框，如图9-62
所示。

图 9-62

该对话框中主要选项的介绍如下。

● **前缀**：设置一个前缀以标识"页
面"面板中各个页面所应用的主
页，最多可以输入4个字符。

● **名称**：设置主页跨页的名称。

● **基于主页**：选择一个现有主页跨页，或选择"无"。

● **页数**：设置主页跨页中要包含的页数，最多为10页。

单击"确定"按钮后，"A-主页"变为带前缀的"B-主页"，页面显示为"B-主页"页面，
如图9-63和图9-64所示。

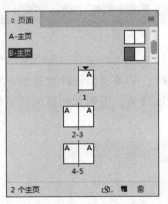

图 9-63

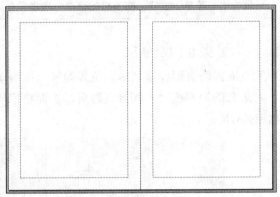

图 9-64

若要从现有页面或跨页创建主页，可将整个跨页从"页面"面板的"页面"部分拖动到
"主页"部分，如图9-65和图9-66所示。原页面或跨页上的所有对象都将成为新主页的一部分。
如果原页面使用了主页，则新主页将是基于原页面的主页创建的。

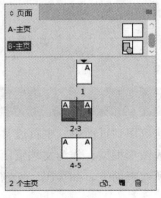

图 9-65

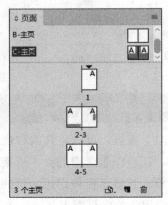

图 9-66

9.2.2 应用主页

根据需要可随时编辑主页的版面,所做的更改将自动反映到应用了该主页的所有页面中。

在"页面"面板中,双击要编辑的主页图标,主页跨页将显示在文档编辑窗口中,可以对主页进行更改。可以创建或编辑主页元素(如文字、图形、图像、参考线等),可以更改主页的名称、前缀,还可以将主页基于另一个主页或更改主页跨页中的页数。

1. 将主页应用于文档页面或跨页

将主页应用于页面,只需将"页面"面板中主页的图标拖动到页面图标上,当黑色矩形框围绕所需页面时释放鼠标,如图9-67和图9-68所示。

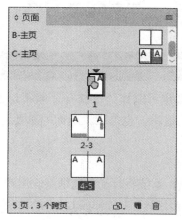

图 9-67   图 9-68

将主页应用于跨页,只需将"页面"面板中主页的图标拖动到跨页的角点上,当黑色矩形框围绕所需跨页中所有页面时释放鼠标,如图9-69和图9-70所示。

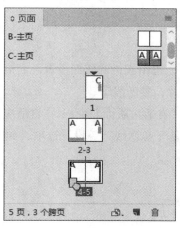
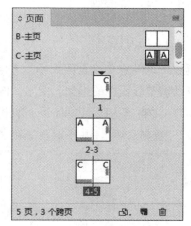

图 9-69   图 9-70

2. 将主页应用于多个页面

选择要应用新主页的页面,按住Alt键并单击指定主页;或单击"菜单"按钮,在弹出的菜单中选择"将主页应用于页面"选项,弹出"应用主页"对话框,从中设置即可,如图9-71和图9-72所示。

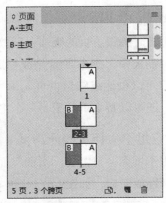

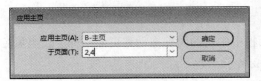

图 9-71　　　　　　　　　　　　图 9-72

9.3　设置版面

框架是容纳文本、图片等对象的容器，框架也可以作为占位符，即不包含任何内容的容器。作为容器或占位符时，框架是版面的基本构造块，也是设置版面的重要元素。

■ 9.3.1　使用占位符设计页面

在InDesign CC中，将文本或图形添加到文档，系统将自动创建框架。用户可以在添加文本或图形前使用框架作为占位符，以进行版面的初步设计。InDesign CC中的占位符类型包括文本框架占位符和图形框架占位符。

使用"文字工具"可以创建文本框架，使用图形工具或图形框架可以创建图形框架。将空文本框架串接到一起，只需一个步骤就可以完成文本的导入。绘制空形状，在做好准备后，为文本或图形重新定义占位符框架。

■ 9.3.2　版面自动调整

版面自动调整可以随意更改页面大小、方向、边距或栏的版面设置。若启用版面调整，将按照设置规则自动调整版面中的框架、文字、图片、参考线等。

执行"版面"→"自适应版面"命令，弹出"自适应版面"面板，"自适应页面规则"下拉列表中有"缩放""重新居中""基于对象"和"基于参考线"等设置选项，如图9-73所示。

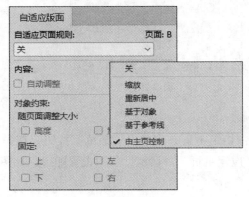

❶ 提示：启用版面自动调整不会立即更改文档中的任何内容，只有在更改页面大小、页面方向、边距、分栏设置或应用新主页时才能触发版面调整。

图 9-73

9.4 页码与章节编号

对图书而言，页码是相当重要的，在后续的目录编排中也要用到页码。下面介绍在出版物中如何添加和管理页码。

■ 9.4.1 添加页码

页码标志符通常会添加到主页中，应用该主页的页面便会自动出现并更新页码。在"页面"面板中双击添加页码的主页，选择"文字工具"，创建文本框，右击鼠标，在弹出的菜单中选择"插入特殊字符"→"标志符"→"当前页码"选项，主页上的页面显示的不是数字，而是"B"，双击回到页面上，页面显示的是阿拉伯数字，如图9-74、图9-75和图9-76所示。

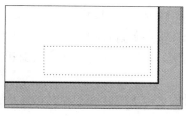
图 9-74

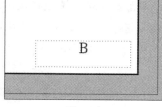
图 9-75

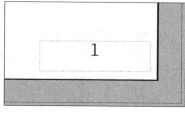
图 9-76

■ 9.4.2 页码和章节选项

选中一个文档页面，执行"版面"→"页码和章节选项"命令，弹出"页码和章节选项"对话框，如图9-77所示。

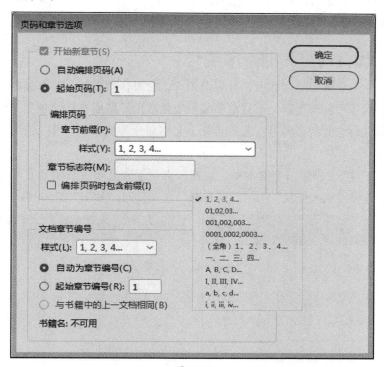
图 9-77

该对话框中主要选项的介绍如下。

- **自动编排页码**：选中此单选按钮，当前章节的页码会跟随前一章节的页码。在它前面添加页时，文档或章节中的页码将自动更新。

- **起始页码**：设置文档或当前章节第1页的起始页码。

- **章节前缀**：输入一个标签，包括要在前缀和页码之间显示的空格或标点符号（如A–16或A16）。前缀的长度不应多于8个字符。不能通过按空格键来输入空格，而应从文档窗口中复制并粘贴固定宽度的空格字符。加号（+）或逗号（,）不能用在章节前缀中。

- **样式（编排页码）**：从下拉列表框中选择一种页码样式。该样式仅应用于本章节中的所有页面。

- **章节标志符**：输入一个标签，InDesign会将其插入到页面中，插入位置为在选择"插入特殊字符"→"标志符"→"章节标志符"选项时显示的章节标志符的位置。

- **编排页码时包含前缀**：勾选此复选框，生成目录、索引或在打印包含自动页码的页面时显示章节前缀。取消选择此选项时，文件中将显示章节前缀，但在打印的文档、索引和目录中将隐藏该前缀。

- **样式（文档章节编号）**：可在下拉列表框中选择一种章节编号样式。此章节样式可在整个文档中使用。

- **自动为章节编号**：选中此单选按钮，可以对书籍中的章节按顺序编号。

- **起始章节编号**：选中此单选按钮，指定章节编号的起始数字。取消选择此选项，书籍中的章节不会进行连续编号。

- **与书籍中的上一文档相同**：选中此单选按钮，使用与书籍中上一文档相同的章节编号。取消选择该选项，当前文档与书籍中的上一文档属于同一个章节。

■ 9.4.3 添加自动更新的章节编号

可将章节编号变量添加到文档中。与页码相同，它可自动更新，并像文本一样可以设置格式和样式。章节编号可自动更新，而且章节编号变量常用于组成书籍的各个文档中。一个文档只能拥有一个指定给它的章节编号；若想将单个文档划分为多个章，可以使用创建节的方式来实现。

选择"文字工具"，创建一个文本框，将插入点置于要显示章节编号的位置，右击鼠标，在弹出的菜单中选择"插入变量"→"章节编号"选项即可，如图9-78和图9-79所示。

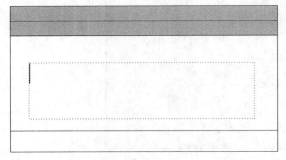

图 9-78

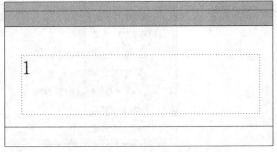

图 9-79

9.5 处理长文档

长文档的管理与控制功能更加强大，可使用书籍、目录、索引、脚注和数据合并等组织长文档。可以将相关的文档分组到一个书籍文件中，以便按顺序给页面和章节编号，还可以共享样式、色板和主页以及打印或导出文档组。可以方便地制作杂志、报纸和说明书，还可以排版包括目录、索引的书和字典等长文档。

■ 9.5.1 创建书籍

要创建书籍，可执行"文件"→"新建"→"书籍"命令，弹出"新建书籍"对话框，选择新建书籍的存储位置和文件名，单击"确定"按钮，弹出新建的"书籍1"面板，如图9-80所示。

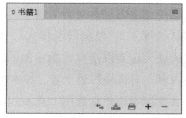

图 9-80

■ 9.5.2 创建目录

目录为用户提供了章、节的位置。使用目录生成功能可以自动列出书籍、杂志或其他文档的标题列表、插图列表、表格列表、参考书目等。每个目录都由标题与条目列表组成，包含页码的条目可直接从文档内容中提取，并可以随时更新，还可以跨越书籍中的多个文档进行操作。执行"版面"→"目录"命令，弹出"目录"对话框，如图9-81所示。

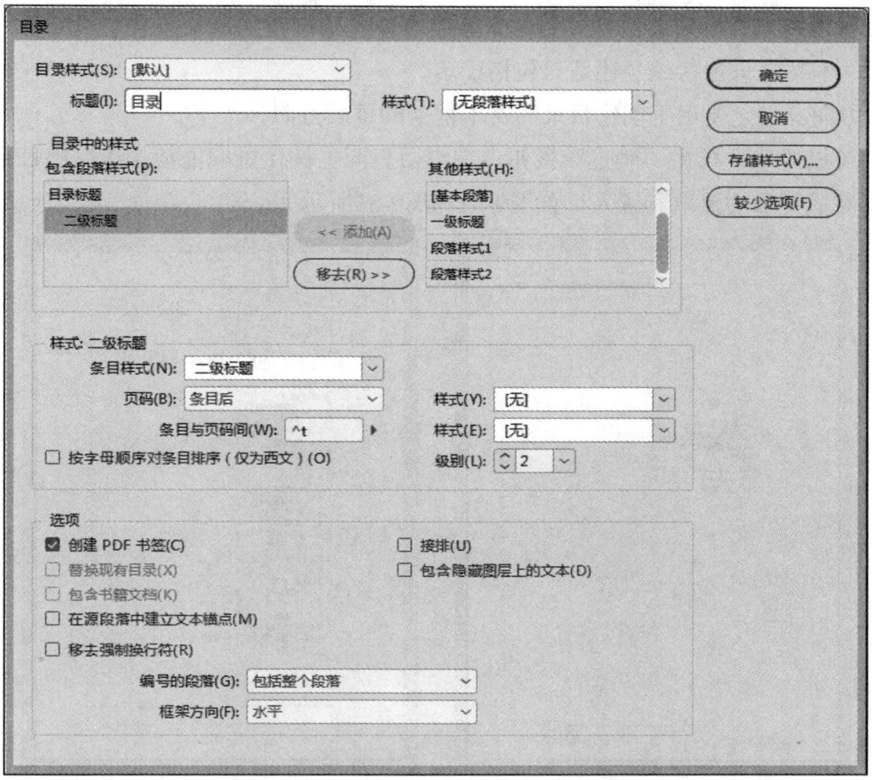

图 9-81

该对话框中主要选项的介绍如下。

- **条目样式**：选择一种段落样式应用到相关联的目录条目。
- **页码**：需先创建用来设置页码格式的字符样式，再在"页码"右侧的"样式"下拉列表框中选择此样式。
- **条目与页码间**：设置在目录条目与其页码之间的字符。默认值为^t，即系统插入一个制表符，也可以在弹出的列表中选择其他特殊字符。
- **按字母顺序对条目排序（仅为西文）**：勾选此复选框，将按字母顺序对选定样式中的目录条目进行排序。此复选框在创建简单列表时很有用。嵌套条目（2级或3级）在它们的组（分别是1级或2级）中按字母顺序排序。
- **级别**：默认情况下，"包含段落样式"列表框中添加的每个项目比其直接上层项目低一级。可以通过为选定段落样式指定新的级别编号来改这一层次。此选项仅调整对话框中显示的内容，对最终目录无效。按字母排序的列表除外。
- **创建PDF书签**：勾选此复选框，在Adobe Acrobat或Adobe Reader的"书签"面板中显示目录条目。
- **接排**：勾选此复选框，所有目录条目接排到某一个段落中。分号后跟一个空格可以将条目分隔开。
- **包含隐藏图层上的文本**：在目录中包含隐藏图层上的段落时，才可以勾选此复选框。当创建其自身在文档中为不可见文本的广告商名单或插图列表时，此选项很有用。若已经使用若干图层存储同一文本的各种版本或译本，则取消选择此选项。
- **编号的段落**：若目录中包括使用编号的段落样式，可指定目录条目是包括整个段落（编号和文本）、只包括编号还是只包括段落。
- **框架方向**：指定要用于创建目录的文本框架的排版方向。

完成相关设置后，单击"确定"按钮，在空白页面上按住鼠标拖放，绘制出目录所在的文本框，即可完成目录的提取和置入，如图9-82和图9-83所示。

图 9-82

图 9-83

■ 9.5.3 创建具有制表符前导符的目录条目

目录条目通常用点或制表符前导符来分隔条目与其关联页码。执行"版面"→"目录样式"命令，弹出"目录样式"对话框，如图9-84所示。单击"编辑"按钮，弹出"编辑目录样式"对话框，如图9-85所示。更改完参数后，需执行"版面"→"更新目录"命令来更新目录。

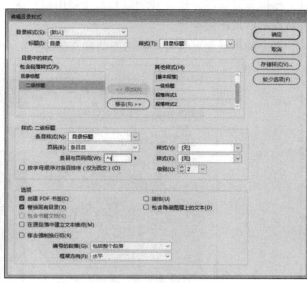

图 9-84

图 9-85

执行"窗口"→"样式"→"段落样式"命令，弹出"段落样式"面板，双击应用于目录条目的段落样式，也可以新建一个用于目录条目的段落样式，在弹出的"段落样式选项"对话框中设置参数即可，如图9-86、图9-87和图9-88所示。

图 9-86

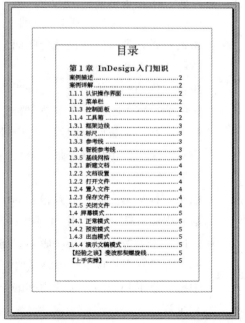

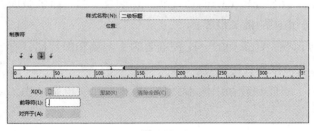

图 9-87

图 9-88

经验之谈 报纸小常识

报纸是以刊载新闻和时事评论为主、定期向公众发行的印刷出版物或电子类出版物，是大众传播的重要载体，具有反映和引导社会舆论的功能，有固定名称，面向公众定期、连续发行。报纸每日出版一次，称为日刊；每周出版一次，称为周刊。通常散页印刷，不装订，是没有封面的纸质出版物。

常见的报纸主要有对开和四开两种，版面从最少的4版到数百版不等，图9-89为对开报纸。

图 9-89

下面介绍一些关于报纸的小常识。

- **开张**：全张报纸面积的大小，是以白报纸的开张来称呼的。半张白报纸大小的报纸，叫对开报，就是大报；四分之一张白报纸大小的报纸，叫四开报，就是小报。
- **版面**：指各类稿件在报纸各版面上的整体布局，用于集中体现报纸编辑部的宣传意图，被称为"报纸的面孔"。
- **版位**：版面的地位，表示这些版位受读者重视的程度如何。由于人们的视觉生理，以及读报的习惯等因素，文字排列的走向通常上重下轻、左重右轻（直排报纸除外）。
- **版心**：指一个版面除四周白边以外的可排文字或图片的地方，即版面的容量。一个版面容量的大小，由报纸开张、分栏情况、基本字体大小等因素决定的，各类报纸并不完全相同。
- **报头**：报纸第一版上放置报名的位置，会刊登报纸的创刊日期、总期数、当日报纸版面数和出版日期，有的还会注明它是某一组织的机关报等。
- **报眼**：报名旁边的一小块版面。通常刊登一些单独的、比较重要的文字稿和图片稿，有的也会刊登当日报纸的内容提要、天气预报和日历表等。
- **中缝**：报纸相邻两个版面中间的空隙，一般刊载知识性小文章、电视节目、电影广告、启事等。
- **头条**：指各版版面的上半部分，横排报纸以左面为重，直排报纸以右面为重。

上手实操

实操一：制作报纸

制作报纸，如图9-90所示。

图 9-90

设计要领

- 绘制框架并置入图像。
- 输入文字并设置其参数。

实操二：制作带有中缝的报纸

制作带有中缝的报纸，如图9-91所示。

图 9-91

设计要领

- 绘制框架并置入图像。
- 输入文字并设置其参数。

第 **10** 章
印前与输出

内容概要

　　从原稿的设计到印刷成品，一般经过五个过程：原稿设计、原版制作、印版晒制、印刷、印后加工。了解印刷相关的技术知识是非常重要的。本章主要介绍 InDesign 中的印前准备与输出。

知识要点

- 印前知识。
- PDF 的创建与输出。
- 打印的设置方法。

数字资源

【本章案例素材来源】："素材文件\第10章"目录下
【本章案例最终文件】："素材文件\第10章\案例精讲\制作叠色画册内页.indd"

案例精讲 制作叠色画册内页

案/例/描/述

　　本案例主要讲解制作叠色画册内页，主要运用了关于叠色的知识。不同颜色的图形叠在一起会有不同的效果。

　　在实操中主要用到的知识点有新建文档、置入图像、矩形工具、框架工具、文字工具、叠色填充等。

扫码观看视频

案/例/详/解

　　下面将对案例的制作过程进行详细讲解。

图 10-1

步骤 01 执行"文件"→"新建"→"文档"命令，在弹出的"新建文档"对话框中设置参数，如图10-1所示，单击"边距和分栏"按钮。

步骤 02 在弹出的"新建边距和分栏"对话框中设置参数，如图10-2所示。

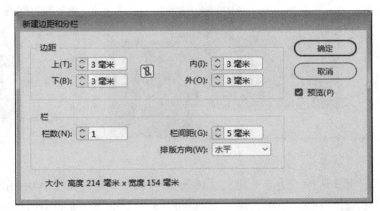

图 10-2

步骤 03 选择"矩形框架工具"，绘制大小不同的两个框架，如图10-3所示。

步骤 04 单击大的框架，执行"文件"→"置入"命令，置入素材"1.jpg"，如图10-4所示。

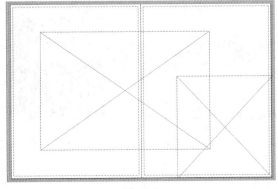

图 10-3

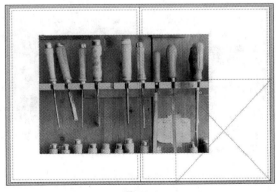

图 10-4

步骤 05 在控制面板中单击"按比例填充框架" ▦ 按钮，如图10-5所示。

步骤 06 单击小的框架，使用相同的方法，置入并调整素材"2.jpg"，如图10-6所示。

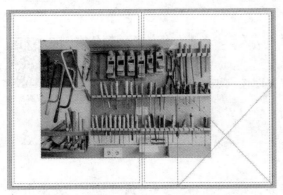

图 10-5　　　　　　　　　　　　　　　　　　图 10-6

步骤 07 在控制面板中设置小框架的描边参数，如图10-7所示。

步骤 08 选择"矩形工具"，绘制矩形并填充颜色，如图10-8所示。

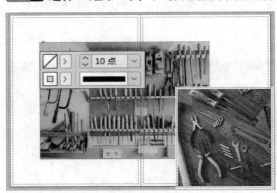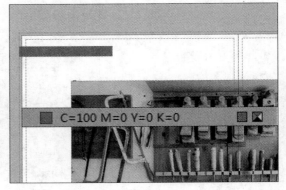

图 10-7　　　　　　　　　　　　　　　　　　图 10-8

步骤 09 选择"矩形工具"，绘制矩形并填充颜色，如图10-9所示。

步骤 10 选择"矩形工具"，绘制两个大小与框架等大的矩形并填充颜色，如图10-10所示。

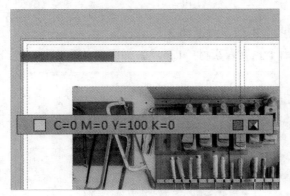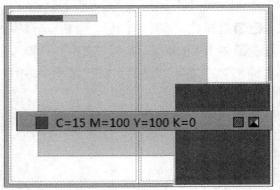

图 10-9　　　　　　　　　　　　　　　　　　图 10-10

步骤 11 选择"矩形工具",绘制矩形并填充颜色,如图10-11所示。

步骤 12 选中3个矩形图形,执行"窗口"→"输出"→"属性"命令,在弹出的"属性"面板中勾选"叠印填充"复选框,如图10-12所示。

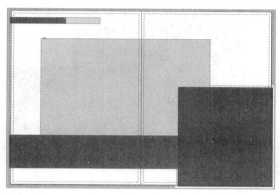

图 10-11

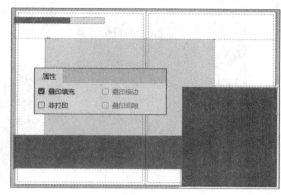

图 10-12

步骤 13 执行"视图"→"叠印预览"命令,如图10-13所示。

步骤 14 选择右下角的红色矩形,调整其透明度为 42% ,如图10-14所示。

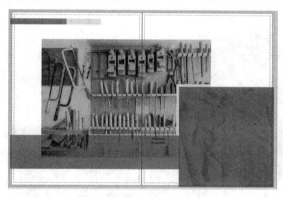

图 10-13

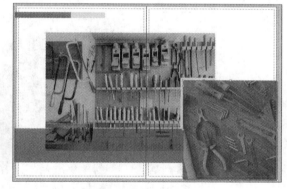

图 10-14

步骤 15 选择左下角的蓝色矩形,调整其透明度为 60% ,如图10-15所示。

步骤 16 选择"直排文字工具",输入文字,并在控制面板中设置参数,如图10-16所示。

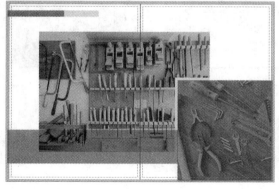

图 10-15

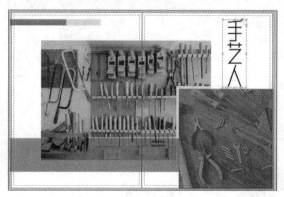

图 10-16

步骤 17 选择"文字工具",输入文字,并在控制面板中设置参数,如图10-17所示。

步骤 18 选择"文字工具",输入文字,并在控制面板中设置参数,如图10-18所示。

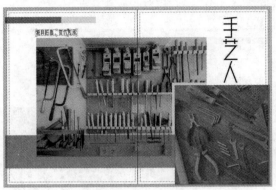

图 10-17

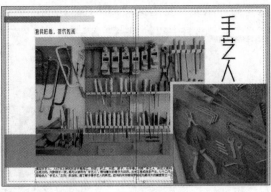

图 10-18

步骤 19 最终效果如图10-19所示。

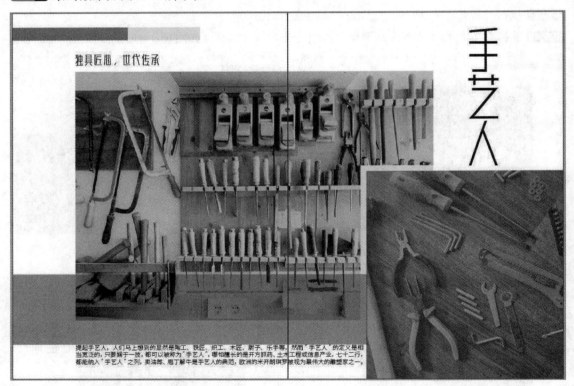

图 10-19

至此,完成叠色画册内页的制作。

边用边学

10.1 色彩与印刷

可以将颜色类型指定为专色或印刷色，这两种颜色类型与商业印刷中使用的两种主要的油墨类型相对应。

■ 10.1.1 四色印刷

印刷品的颜色都是由C、M、Y、K四种颜色构成。在四色印刷过程中，承印物在印刷的过程中需历经四次印刷：一次黑色、一次洋红色、一次青色、一次黄色。印刷完成后，四种颜色叠加在一起，就形成了画面上的各种颜色。日常生活中见到的彩色书籍、彩色杂志、宣传海报、画册都是按照四色叠印、调配而成的。

■ 10.1.2 印刷色

印刷色是使用青色（C）、洋红色（M）、黄色（Y）、黑色（K）四种标准印刷油墨组合打印的。CMY可以合成几乎所有的颜色，但合成的黑色是不纯的，所以印刷时需要更纯的黑色K。这四种颜色有相应的色板，在色板上记录这些颜色的网点，当合成时便形成了所定义的原色。

❗ 提示：在InDesign中，可以将印刷色和专色相混合，以创建混合油墨颜色。

■ 10.1.3 专色

专色是一种预先混合的特殊油墨，不是通过C、M、Y、K四色合成的颜色。在印刷时需要使用专门的印版。当指定少量颜色，并且颜色准确度高时使用专色。专色油墨准确重现印刷色色域以外的颜色。但是，印刷专色的确切外观由印刷商所混合的油墨和所用纸张共同决定，而不是由指定的颜色值或色彩管理决定。当指定专色值时，描述的仅是显示器和彩色打印机的颜色模拟外观（取决于这些设备的色域限制）。

专色主要分两种，一种为印刷专色，如金色、银色、潘通色（国际标准色卡，主要应用于广告、纺织、印刷等行业）等；另一种为工艺专色，如烫金、模切等。专色在计算机中无法正确显示，因此需要为每一种油墨或者工艺分别设置专色。每一种专色只能得到一张菲林片，并单独晒版印刷。

■ 10.1.4 分色

印刷用的电子文件一定是四色文件（即C、M、Y、K），其他颜色模式的文件不能用于输出。分色指的是将原稿上的各种颜色分为青、洋红、黄、黑四种原色。要复制颜色和连续色调图像，打印机通常将图稿分成四个印版，青色（C）、洋红色（M）、黄色（Y）、黑色（K）各一个印版。当使用适当油墨打印并相互对齐后，这些颜色组合起来重现出原始图稿。将图像分成两种或多种颜色的过程称为分色，从中创建印版的胶片称为分色版。

Adobe InDesign支持两种常见的PostScript工作流程，它们的主要区别在于分色创建的位置。一种是在主机（使用InDesign和打印机驱动程序的系统）上或在输出设备的RIP（栅格图像处理器）上处理，另一种选择是PDF工作流程。

- **基于主机的分色**：在传统的基于主机的预分色工作流程中，InDesign为文档需要的每个分色创建PostScript信息，并将此信息发送到输出设备。
- **In−RIP分色**：在较新的基于RIP的工作流程中，新一代的PostScript RIP在RIP上执行分色、陷印和颜色管理，使主机可以执行其他任务。此方法使InDesign生成文件花费的时间较少，并极大地减小了所有打印作业传输的数据量。

■ 10.1.5　叠印

如果没有使用"透明度"功能更改图稿的透明度，则图稿中的填色和描边将显示为不透明，因为顶层颜色会隐藏下面重叠的区域。

绘制3个图形并填充不同的颜色，先执行"视图"→"叠印预览"命令，转到叠印预览模式，如图10-20所示；然后执行"窗口"→"输出"→"属性"命令，弹出"属性"面板，选中目标图形后勾选"叠印填充"复选框即可，如图10-21所示。

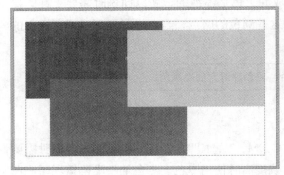

图 10-20

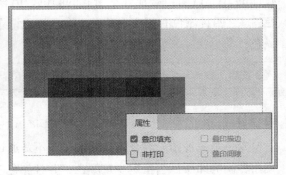

图 10-21

10.2　印前检查

打印文档或将文档提交给服务提供商之前，须对此文档进行品质检查。印前检查是此过程的行业标准术语。有些问题会使文档或书籍的打印或输出无法获得满意的效果。在编辑文档时，如果遇到这类问题，"印前检查"面板会发出警告。问题主要包括文件或字体缺失、图像分辨率低、文本溢流等。

■ 10.2.1　"印前检查"面板

在操作界面的"状态栏"中，单击"印前检查菜单"下拉按钮，可设置是否进行印前检查，如图10-22所示。选择"印前检查面板"选项，弹出"印前检查"面板，从中可查看文档内存在的错误，如图10-23所示。

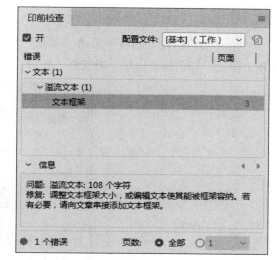

图 10-22

图 10-23

单击面板右上角的"菜单"按钮，在弹出的菜单中选择"定义配置文件"选项，弹出"印前检查配置文件"对话框，如图10-24所示。

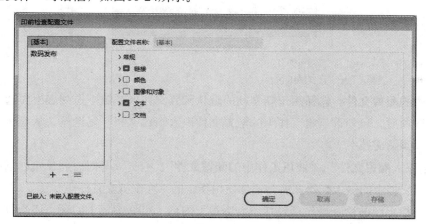

图 10-24

该对话框中主要选项的介绍如下。

● **新建印前检查配置文件 +**：单击该按钮，新建配置文件并指定其名称。
● **链接**：确定缺失的链接和修改的链接是否显示为错误。
● **颜色**：确定需要何种透明混合空间，以及是否允许使用CMY印版、色彩空间、叠印等选项。
● **图像和对象**：指定图像分辨率、透明度、描边宽度等要求。
● **文本**：指定类别显示缺失字体、溢流文本等错误。
● **文档**：指定对页面大小和方向、页数、空白页面、出血和辅助信息区的设置要求。

❗ **提示**：从"书籍"面板菜单选择"印前检查书籍"后，将检查所有文档（或所有选定的文档）是否存在错误。可以使用每个文档中的嵌入配置文件，也可以指定要使用的配置文件。绿色、红色或问号图标表示每个文档的印前检查状态。绿色表示文档没有报错，红色表示有错误，问号表示状态未知。

■ 10.2.2 设置印前检查

在"印前检查"面板中单击"菜单" 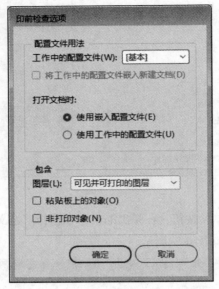按钮，在弹出的菜单中选择"印前检查选项"选项，弹出"印前检查选项"对话框，如图10-25所示。

图 10-25

该对话框中主要选项的介绍如下。

- **工作中的配置文件：** 选择用于新文档的默认配置文件。在该下拉列表框中选择"数码发布"选项后，可勾选"将工作中的配置文件嵌入新建文档"复选框，从而将工作配置文件嵌入到新文档中。
- **"使用嵌入配置文件"、"使用工作中的配置文件"：** 打开文档时，将确定印前检查操作是使用该文档中的嵌入配置文件，还是使用指定的工作配置文件。
- **图层：** 指定印前检查操作是包括所有图层上的项、可见图层上的项，还是可见并可打印图层上的项。例如，如果某个项位于隐藏图层上，可以阻止报告有关该项的错误。
- **粘贴板上的对象：** 勾选此复选框，将对粘贴板上的置入对象报错。
- **非打印对象：** 勾选此复选框，将对"属性"面板中标记为非打印的对象报错，或对应用了"隐藏主页项目"的页面上的主页对象报错。

10.3 打包文件

可以收集使用过的文件（包括字体和链接图形），以便轻松地提交给服务提供商。打包文件时，可创建包含InDesign文档（或书籍文件中的文档）、必要的字体、链接的图形、文本文件和自定报告的文件夹。此报告（存储为文本文件）包括"打印说明"对话框中的信息，打印文档需要的所有字体、链接和油墨的列表，以及打印设置。

执行"文件"→"打包"命令，弹出"打包"对话框，其中，"警告图标" ⚠表示有问题的区域。在对话框中勾选"创建打印说明"复选框，可以创建打印说明文件，如图10-26所示。

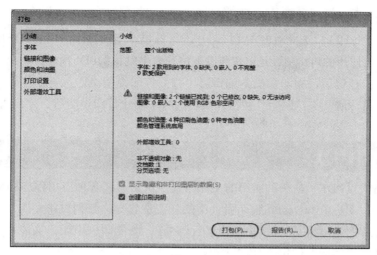

图 10-26

因为勾选了"创建打印说明"复选框，所以单击"打包"按钮后，将弹出打包出版物"打印说明"对话框，填写打印说明，如图10-27所示。输入的文件名是附带所有其他打包文件的报告名称。单击"继续"按钮，弹出"打包出版物"对话框，如图10-28所示。

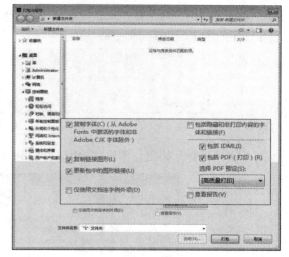

图 10-27　　　　　　　　　　　　　　　　　　　图 10-28

该对话框中主要选项的介绍如下。

● **复制字体**：复制所有必需的字体文件，而不是整个字体系列。

● **复制链接图形**：将链接的图形文件复制到打包文件夹中。

● **更新包中的图形链接**：将图形链接更改到打包文件夹中。

● **仅使用文档连字例外项**：勾选此复选框，InDesign将标记此文档，这样当其他用户在具有其他连字和词典设置的计算机上打开或编辑此文档时，不会发生重排，可以在将文件发送给服务提供商时打开此选项。

● **包括隐藏和非打印内容的字体和链接**：选择此项后，可以打包位于隐藏图层、隐藏条件和"打印图层"选项中已关闭的图层上的对象。如果未选择此选项，包中仅包含创建此包时文档中可见且可打印的内容。

- **包括IDML**：对包含此包的 IDML文件进行打包。
- **包括PDF（打印）**：选择对PDF（打印）进行打包。当前显示的所有PDF预设可在打包时使用。最后使用的PDF预设是PDF预设下拉列表中默认的PDF预设。
- **查看报告**：打包后，立即在文本编辑器中打开打印说明报告。要在完成打包过程之前编辑打印说明，请单击"说明"按钮。仅在选择了创建打印说明后，才启用该选项。

10.4　输出PDF

便携文档格式（PDF）是一种通用的文件格式，保留了在各种应用程序和平台上创建的字体、图像和版面。可以在InDesign版面设计中的任意位置导入任何PDF文件，还支持PDF图层导入，还可以以多种方式创建PDF与制作交互式PDF，既能印刷出版，又能在Web上发布和浏览，或像电子书一般阅读，使用十分广泛。

■ 10.4.1　PDF 常规选项

在导出为PDF或者创建或编辑PDF预设时可以设置PDF选项。执行"文件"→"导出"命令，弹出"导出"对话框，默认保存类型为"Adobe PDF（打印）"，如图10-29所示。

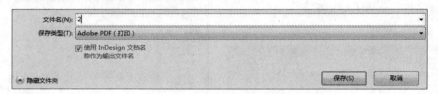

图 10-29

单击"保存"按钮，弹出"导出Adobe PDF"对话框，如图10-30所示。

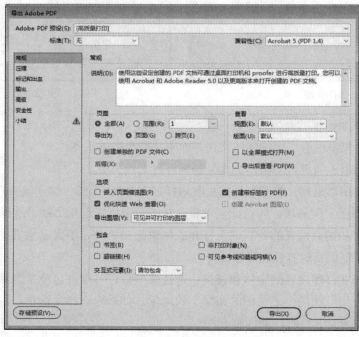

图 10-30

该对话框中主要选项的介绍如下。

- **说明**：显示选定预设中的说明，并提供一个地方供编辑说明。
- **全部**：导出当前文档或书籍中的所有页面。
- **范围**：指定当前文档中要导出页面的范围。可以使用连字符输入范围，并使用逗号分隔多个页面或范围。在导出书籍或创建预设时，此选项不可用。
- **跨页**：集中导出页面，如同将其打印在单张纸上。
- **视图**：打开PDF时的初始视图设置。
- **版面**：打开PDF时的初始版面。
- **嵌入页面缩览图**：为PDF中的每一页嵌入缩略图预览，这会增加文件大小。
- **优化快速Web查看**：通过重新组织文件以使用一次一页下载（所用的字节），减小PDF文件的大小，并优化PDF文件以便在Web浏览器中更快地查看。此选项将压缩文本和线状图，而不考虑在"压缩"类别中选择的设置。
- **创建带标签的PDF**：在导出过程中，基于InDesign支持的Acrobat标签的子集自动为文章中的元素添加标签。此子集包括段落识别、基本文本格式、列表和表。导出前可在文档中插入并调整标签。
- **导出后查看PDF**：使用默认的PDF应用程序打开新建的PDF文件。
- **创建Acrobat图层**：将每个图层存储为PDF中的Acrobat图层。此外，还会将所包含的任何印刷标记导出为单独的标记和出血图层中。
- **导出图层**：确定是否在PDF中包含可见图层和非打印图层。可以使用"图层选项"设置决定是否将每个图层隐藏或设置为非打印图层。导出PDF时，可选择导出"所有图层"（包括隐藏和非打印图层）、"可见图层"（包括非打印图层）还是"可见并可打印的图层"。
- **书签**：创建目录条目的书签，保留目录级别。根据"书签"面板中指定的信息创建书签。
- **超链接**：创建InDesign超链接、目录条目和索引条目的PDF超链接批注。
- **可见参考线和基线网格**：导出文档中当前可见的边距参考线、标尺参考线、栏参考线和基线网格。以文档中使用的相同颜色导出网格和参考线。
- **非打印对象**：导出在"属性"面板中对其应用了"非打印"选项的对象。
- **交互式元素**：选择"包含外观"，可以在PDF中包含诸如按钮和影片海报之类的项目。要创建具有交互式元素的PDF，应选择"Adobe PDF（交互）"选项而不是"Adobe PDF（打印）"。

■ 10.4.2 PDF 压缩选项

将文档导出为PDF时，可以压缩文本和线状图，并对位图图像进行压缩和缩减像素采样。压缩和缩减像素可以显著地减小PDF文件的大小，而细节和精确度只会稍有损失或不会损失。在"导出Adobe PDF"对话框中切换到"压缩"选项卡，此选项卡分为三个部分。每个部分提供的选项可用于在图稿中对彩色、灰度或单色图像进行压缩和重新取样，如图10-31所示。

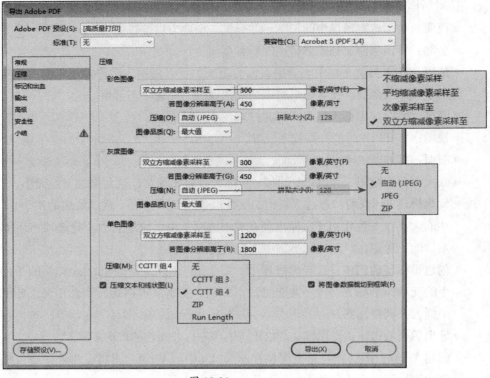

图 10-31

该对话框中主要选项的介绍如下。

● **不缩减像素采样**：不对这一类型的图像进行压缩。

● **平均缩减像素采样至**：计算样本区域中像素的平均值，并按指定的分辨率使用平均像素颜色替换整个区域。

● **次像素采样至**：在样本区域中心选取一个像素，并使用该像素的颜色替换整个区域。与平均缩减像素采样方法相比，次像素采样可以明显地缩短转换时间，但所生成图像的平滑度和连续性则会差一些。

● **双立方缩减像素采样至**：使用加权平均值来确定像素颜色，与简单的平均缩减像素采样方法相比，此方法可获得更好的效果。双立方缩减像素采样是速度最慢但最精确的方法，并可产生最平滑的色调渐变。

● **压缩－自动（JPEG）**：自动确定彩色和灰度图像的最佳品质。对于大多数文件而言，此选项可以产生令人满意的结果。

● **压缩－JPEG**：适合于灰度图像或彩色图像。JPEG压缩是有损压缩，这意味着它会移去图像数据并可能会降低图像品质，会在最大程度减少信息损失的情况下缩小文件。由于JPEG压缩会删除数据，因此它压缩的文件比ZIP压缩获得的文件小得多。

● **压缩－ZIP**：非常适合于处理大片区域都是单一颜色或重复图案的图像，同时适用于包含重复图案的黑白图像。"图像品质"的设置，决定着ZIP压缩是无损还是有损的。

● **压缩－JPEG2000**：它是图像数据压缩和打包的国际标准。适合于灰度图像或彩色图像。只有在"兼容性"设置为"Acrobat6(PDF1.5)"或更高版本时，"JPEG 2000"选项才可用。

- **压缩-CCITT组3**：仅供单色位图图像使用。可供大部分传真机使用，一次可压缩一行单色位图。
- **压缩-CCITT组4**：仅供单色位图图像使用，是一种通用方法，可为大多数单色图像产生不错的压缩。
- **压缩-Run Length**：仅供单色位图图像使用。
- **图像品质**：确定应用的压缩量。对于"压缩"设置为"JPEG"或"JPEG 2000"时，可以选择"最小值""低""中""高"或"最大值"品质。对于ZIP压缩，仅可以使用8位，因为InDesign使用无损的ZIP方法，所以不会删除数据以缩小文件大小，因而不会影响图像品质。
- **拼贴大小**：确定用于连续显示的拼贴的大小。只有在"兼容性"设置为"Acrobat 6 (PDF 1.5)"和更高版本且"压缩"设置为"JPEG 2000"时，此选项才可用。
- **压缩文本和线状图**：将此压缩（类似于图像的 ZIP 压缩）应用到文档中的所有文本和线状图，而不损失细节或品质。
- **将图像数据裁切到框架**：仅导出位于框架可视区域内的图像数据，可能会缩小文件的大小，如果后续处理器需要其他信息，如对图像进行重新定位或出血，请勿选择此选项。

■ 10.4.3　PDF 输出

在"导出Adobe PDF"对话框的"输出"选项卡中可设置颜色管理的开关状态、是否使用颜色配置文件为文档添加标签以及选择的PDF标准等，如图10-32所示。

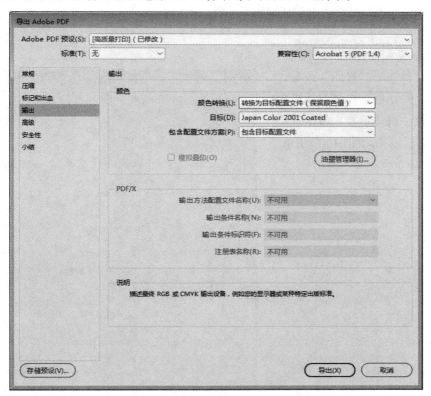

图 10-32

该对话框中主要选项的介绍如下。

- **颜色转换**：指定如何在Adobe PDF文件中描绘颜色信息。在颜色转换过程中将保留所有专色信息，只有最接近于印刷色的颜色才会转换为指定的色彩空间。

  无颜色转换：按原样保留颜色数据，在选择了"PDF/X-3"时，它是默认值。

  转换为目标配置文件：将所有颜色转换成为"目标"选择的配置文件。是否包含配置文件是由"包含配置文件方案"确定的。

  转换为目标配置文件（保留颜色值）：只有在颜色嵌入了与目标配置文件不同的配置文件的情况下，才将颜色转换为目标配置文件空间。例如，嵌入的图像为RGB颜色，目标配置文件为CMYK颜色。

- **包含配置文件方案**：将目标配置文件指定给所有对象。如果选择"转换为目标配置文件（保留颜色值）"，则会为同一颜色空间中不带标签的对象指定该目标配置文件，这样就不会更改颜色值。

- **模拟叠印**：通过保持复合输出中的叠印外观，模拟打印到分色的外观。

- **油墨管理器**：控制是否将专色转换为对应的印刷色，并指定其他油墨设置。

10.5 打印

创建文档后，最终需要输出。不管是为外部服务提供商提供彩色的文档，还是只将文档的快速草图发送到喷墨打印机或激光打印机，了解与掌握基本的打印知识将会使打印更加顺利，并且有助于确保文档的最终效果与预期效果一致。

10.5.1 打印选项设置

执行"文件"→"打印"命令，弹出"打印"对话框，在该对话框中可以对打印机、打印份数、输出选项和色彩管理进行设置，如图10-33所示。

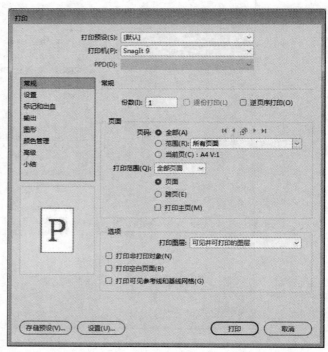

图 10-33

该对话框中主要选项的介绍如下。

● **常规**：对打印的份数、打印范围进行设置。

● **设置**：对纸张大小、页面方向、缩放图稿、指定拼贴等选项进行设置，如图10-34所示。

● **标记和出血**：添加一些标记以便在生成样稿时确定在何处裁切纸张及套准分色片，或测量胶片时得到正确的校准数据和网点密布，如图10-35所示。

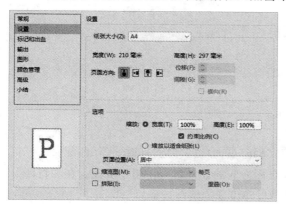

图 10-34

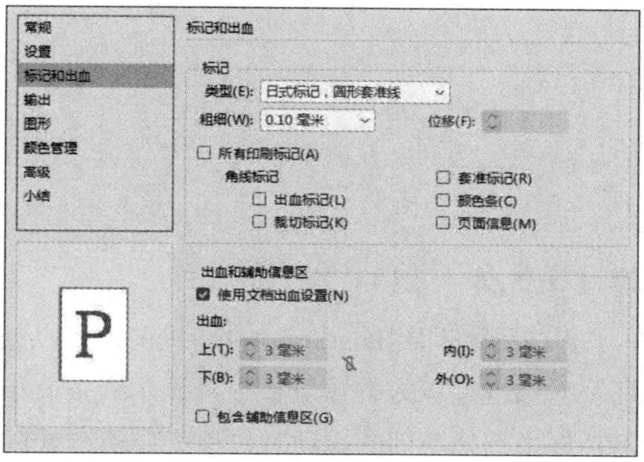

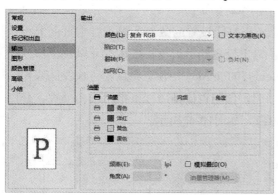

图 10-35

● **输出**：创建分色，如图10-36所示。

● **图形**：对图像、字体、PostScript文件、数据格式等选项进行设置，如图10-37所示。

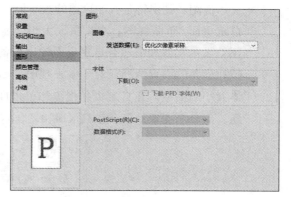

图 10-36

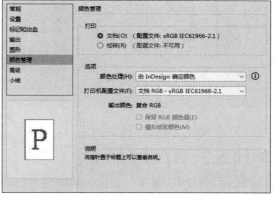

图 10-37

● **颜色管理**：对打印颜色配置文件和渲染方法进行设置，如图10-38所示。

● **高级**：控制打印期间的透明度拼合的分辨率。

图 10-38

- **小结：** 查看和存储打印设置的小结，如
  图10-39所示。

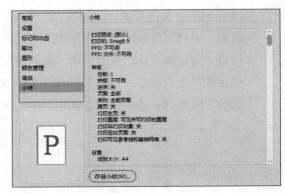

图 10-39

■ 10.5.2　打印预览

从文档打印到PostScript打印机前，可以查看文档的页面如何与选择的纸张相匹配。在"打印"对话框左下方的预览框中可显示纸张大小和页面方向的设置是否适用于页面。在"打印"对话框中选择不同的选项时，预览会动态更新使用打印设置的组合效果。

预览有3种视图模式。

- **标准视图：** 显示文档页面和媒体的关系。此视图显示多种选项（例如，可成像区域的纸张大小、出血和辅助信息区、页面标记等）以及拼合和缩览图的效果，如图10-40所示。
- **文本视图：** 列出特定打印设置的数字值，如图10-41所示。
- **自定页面/单张视图：** 根据页面大小，显示不同打印设置的效果。对于自定页面大小，预览显示媒体如何适合自定页面输出设备、输出设备的最大支持媒体尺寸以及位移、间隙和横向的设置情况。对于单张视图（如Letter和Tabloid），预览将显示可成像区域和媒体大小的关系。在自定页面视图和单张视图中，预览也使用图标来指示输出模式，分色、复合灰度、复合CMYK和复合RGB，如图10-42所示。

图 10-40

图 10-41

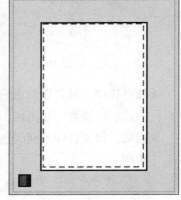

图 10-42

■ 10.5.3　打印小册子

使用"打印小册子"功能，可以创建打印机跨页，以用于专业打印。例如，如果正在编辑一本8页的小册子，则页面按连续顺序显示在版面窗口中。但是，在打印机跨页中，页面2与

页面7相邻，这样将两个页面打印在同一张纸上并对其折叠和拼版时，页面将以正确的顺序排列，如图10-43所示。

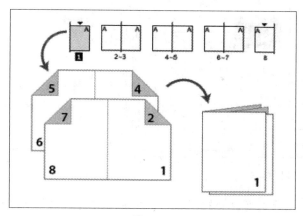

图 10-43

执行"文件"→"打印小册子"命令，弹出"打印小册子"对话框，如图10-44所示。

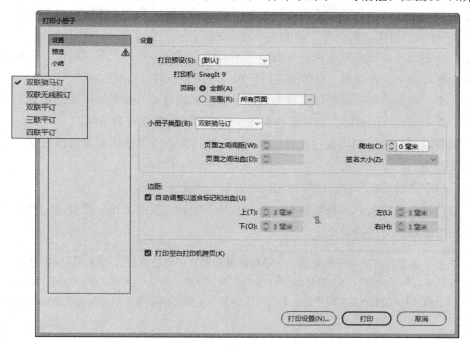

图 10-44

该对话框中主要选项的介绍如下。

● **小册子类型**：可以选择3种拼版类型：双联骑马订、双联无线胶订和平订。

双联骑马订：创建双页、逐页面的计算机跨页。这些计算机跨页适合于双面打印、逐份打印、折叠和装订，如图10-45所示。InDesign根据需要将空白页面添加到完成文档的末尾。

双联无线胶订：创建双页、逐页面的打印机跨页，它们适合指定签名大小，如图10-46所示。这些打印机跨页适合于双面打印、裁切和装订至具有粘合剂的封面。

平订：创建适合于折叠的小册子或小册子的两页、三页或四页面板。

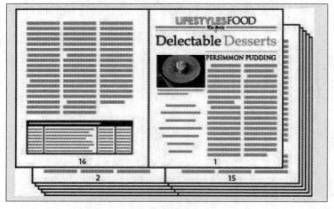
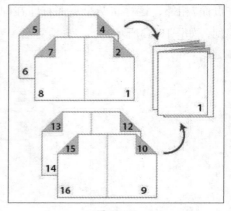

图 10-45 图 10-46

- **页面之间间距**：指定页面之间的间隙（左侧页面的右边和右侧页面的左边）。可以为除"骑马钉"外的所有小册子类型指定"页面之间间距"值。
- **页面之间出血**：只有选择"双联无线胶订"时，才可以指定此选项。指定用于允许页面元素占用"无线胶订"打印机跨页样式之间间隙的间距大小。此选项有时称为内出血。此栏接受0至"页面之间间距"值的一半之间的值。
- **爬出**：指定为适应纸张厚度和折叠每个签名所需的间距大小。大多数情况下，指定负值来创建推入效果。可以为"双联骑马订"和"双联无线胶订"类型指定"爬出"。
- **签名大小**：指定双联无线胶订文档的每个前面页面的数量。如果要拼版的页面的数量不能被"签名大小"值整除，将根据需要将空白页面添加到文档的末尾。
- **自动调整以适合标记和出血**：允许InDesign计算边距，以容纳出血和当前设置的其他印刷标记选项。
- **边距**：指定裁切后实际打印机跨页四周的间距大小。
- **打印空白打印机跨页**：如果要拼版的页面数量不能被"签名大小"值整除，则将空白页面或跨页添加到文档的末尾。

❗ **提示**："爬出"指定页面从书脊移动以适应纸张厚度与骑马订和无线胶订文档中纸张折叠的距离。InDesign将最后一页的"封面"视为最外面的打印机跨页，而将"中插"视为最里面的打印机跨页。术语"折手"表示两个打印机跨页：折手的正面和折手的背面。爬出增量等于指定的爬出值除以总的折手数再减去1。

经验之谈 **印后工艺**

本小节主要讲解一些印刷后的工艺，包括模切、覆膜、压痕、起凸、UV、烫金、刷边、亚克力印刷、全息印刷、丝网印刷、套色印刷、镂空版印刷。

- **模切**：把印刷品或者其他纸制品按照事先设计好的图形制作成模切刀版进行裁切，从而使印刷品的形状不再局限于直边直角。
- **覆膜**：又称"过塑""裱胶"和"贴膜"等，是指以透明塑料薄膜通过热压覆贴到印刷品表面，起保护及增加光泽的作用。覆膜已被广泛应用于书刊封面、画册、纪念册、明信片、挂历和地图等印刷品。
- **压痕**：指利用钢线压印，在纸片上压出痕迹或留下供弯折的槽痕。利用钢刀、钢线排列成模板，在压力作用下将印刷品表面加工成易于折叠的痕迹。常用于较厚不易折叠的纸张。
- **起凸**：将图文雕刻成一阴一阳两块金属板，将纸张置入两金属板中压出图文形状。
- **UV**：在图案上面裹上一层光油（有亮光、哑光、镶嵌晶体、金葱粉等），主要是增加产品亮度与艺术效果，保护产品表面。
- **烫金**：将金属印版加热，施箔，在印刷品上压印出金色文字或图案，如图10-47所示。
- **刷边**：多用于名片、明信片、笔记本等载体，在纸张边缘印色。选择刷边工艺需要配合高克重的纸张，如图10-48所示。

图 10-47 图 10-48

- **亚克力印刷**：亚克力材质坚硬、光滑。一般做印刷品保护套使用。
- **全息印刷**：色彩绚丽，用于印刷较高艺术性的印刷品，如人民币的防伪标志。
- **丝网印刷**：指用丝网作为版基，通过感光制版方法，制成带有图文的丝网印版。
- **套色印刷**：分为不同颜色，需要分次染或印每种颜色。
- **镂空版印刷**：指在木片、纸板、金属或塑料等片材上刻划出图文，并挖空制成镂空版，通过刷涂或喷涂方法使油墨透过通孔附着于承印物上。

上手实操

实操一：制作企业杂志前言与目录

制作企业杂志前言与目录，如图10-49所示。

图 10-49

设计要领

- 置入背景图像。
- 输入文字。
- 置入目录并进行编辑。

实操二：制作足球画册内页

制作足球画册内页，如图10-50所示。

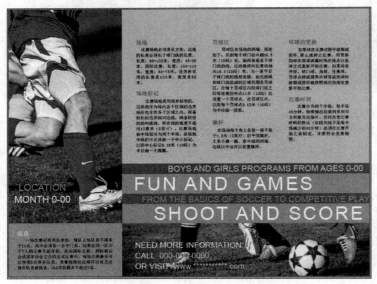

图 10-50

设计要领

- 绘制框架。
- 置入图像。
- 输入文字。

附录 Adobe InDesign CC快捷键※

使用InDesign CC应用程序时，可以使用其（默认）快捷键，如果跟其他软件发生冲突，可以对其进行自定义设置。

功能描述	组合键	功能描述	组合键
（1）工具		存储副本	Ctrl+Alt+S
选择工具	V	置入	Ctrl+D
直接选择工具	A	导出	Ctrl+E
切换选择工具和直接选择工具	Ctrl+Tab	文档设置	Ctrl+Alt+P
		调整版面	Shift+Alt+P
页面工具	Shift+P	文件信息	Shift+Ctrl+Alt+I
间隙工具	U	打印	Ctrl+P
钢笔工具	P	退出	Ctrl+Q
转换方向点工具	Shift+C	**（3）编辑**	
文字工具	T	还原	Ctrl+Z
路径文字工具	Shift+T	重做	Shift+Ctrl+Z
钢笔工具（附注工具）	N	剪切	Ctrl+X
直线工具	\	粘贴	Ctrl+V
矩形框架工具	F	贴入内部	Ctrl+Alt+V
矩形工具	M	粘贴时不包含格式	Shift+Ctrl+V
椭圆工具	L	清除	Backspace
旋转工具	R	直接复制	Shift+Ctrl+Alt+D
缩放工具	S	多重复制	Ctrl+Alt+U
切变工具	O	全选	Ctrl+A
自由变换工具	E	全部取消选择	Shift+Ctrl+A
吸管工具	I	快速应用	Ctrl+Enter
度量工具	K	查找/更改	Ctrl+F
渐变工具	G	查找下一个	Ctrl+Alt+F
剪刀工具	C	**（4）版面**	
抓手工具	H或按住空格键	添加页面	Shift+Ctrl+P
缩放工具	Z	转到页面	Ctrl+J
（2）文件		**（5）文字**	
新建文档	Ctrl+N	字符	Ctrl+T
打开	Ctrl+O	段落	Ctrl+Alt+T
在Bridge中浏览	Ctrl+Alt+O	制表符	Ctrl+Shift+T
关闭	Ctrl+W	字形	Alt+Shift+F11
存储	Ctrl+S	字符样式	Shift+F11
存储为	Shift+Ctrl+S	段落样式	F11

※ 此快捷键为软件默认的快捷按键，读者可以根据自身的使用习惯进行自定义设置。

Adobe InDesign CC 版式设计与制作

功能描述	组合键
复合字体	Ctrl+Alt+Shift+F
避头尾集设置	Ctrl+Shift+K
创建轮廓	Shift+Ctrl+O
（6）对象和表	
再次变换序列	Ctrl+Alt+4
前移一层	Ctrl+]
后移一层	Ctrl+[
置为底层	Shift+Ctrl+[
置于顶层	Shift+Ctrl+]
上方下一个对象	Ctrl+Alt+]
上方第一个对象	Shift+Ctrl+Alt+]
下方下一个对象	Ctrl+Alt+[
下方最后一个对象	Shift+Ctrl+Alt+[
编组	Ctrl+G
取消编组	Ctrl+Shift+G
锁定	Ctrl+L
解锁跨页上的所有内容	Ctrl+Alt+L
隐藏	Ctrl+3
显示跨页上的所有内容	Ctrl+Alt+3
内容识别调整	Ctrl+Alt+X
按比例填充框架	Shift+Ctrl+Alt+C
按比例适合内容	Shift+Ctrl+Alt+E
创建表	Ctrl+Alt+Shift+X
表设置	Ctrl+Alt+Shift+8
（7）视图	
叠印预览	Shift+Ctrl+Alt+Y
放大	Ctrl+=

功能描述	组合键
缩小	Ctrl+-
使页面适合窗口	Ctrl+0
使跨页适合窗口	Ctrl+Alt+0
实际尺寸	Ctrl+1
完整粘贴	Shift+Ctrl+Alt+0
隐藏标尺	Ctrl+R
隐藏参考线	Ctrl+;
锁定参考线	Ctrl+Alt+;
靠齐参考线	Shift+Ctrl+;
智能参考线	Ctrl+U
显示基线网格	Ctrl+Alt+'
显示文档网格	Ctrl+'
靠齐文档网格	Shift+Ctrl+'
隐藏框架网格	Shift+Ctrl+E
（8）窗口	
对齐	Shift+F7
控制	Ctrl+Alt+6
链接	Ctrl+Shift+D
描边	F10
图层	F7
表	Shift+F9
索引	Shift+F8
效果	Ctrl+Shift+F10
信息	F8
色板	F5
颜色	F6
页面	F12